高硬度材料的高压物性算法

雷慧茹／著

 吉林大学出版社

·长春·

图书在版编目（CIP）数据

高硬度材料的高压物性算法 / 雷慧茹著. –– 长春：
吉林大学出版社，2021.4
ISBN 978-7-5692-8389-1

Ⅰ.①高… Ⅱ.①雷… Ⅲ.①材料—物理性质—研究
Ⅳ.①TB3

中国版本图书馆CIP数据核字(2021)第109270号

书　　名：高硬度材料的高压物性算法
GAOYINGDU CAILIAO DE GAOYA WUXING SUANFA

作　　者：雷慧茹　著
策划编辑：董贵山
责任编辑：董贵山
责任校对：陈　曦
装帧设计：雅硕图文
出版发行：吉林大学出版社
社　　址：长春市人民大街4059号
邮政编码：130021
发行电话：0431–89580028/29/21
网　　址：http://www.jlup.com.cn
电子邮箱：jdcbs@jlu.edu.cn
印　　刷：长春市中海彩印厂
开　　本：787mm × 1092mm　1/16
印　　张：10.5
字　　数：200千字
版　　次：2021年4月　第1版
印　　次：2021年4月　第1次
书　　号：ISBN 978-7-5692-8389-1
定　　价：68.00元

前　言

高压物理(high pressure physics)是研究物质在高压条件下的物理性质的学科。高压物理学一般只研究凝聚态物质。高压物理被划为一门学科还因为高压力的产生和高压下各种物理行为的检测，都需要发展特殊精巧的专门的实验技术和方法。目前，实验上已形成系统的超高压技术。超高压技术包括静态超高压技术和动态超高压技术。静态超高压是指可以相对长期维持的高压强，即有足够的时间，把压缩功所产生的热量通过热传导的方式与环境温度平衡，因此静态高压是等温压缩过程。动态超高压是利用炸药爆炸产生的冲击波压力，或电磁相互作用的劳伦茨力，又或高功率激光惯性约束聚变产生的冲击力对物质进行压缩，会使物质的压力、密度、温度等状态参量发生急剧变化。

高压下物质体积压缩，原子间距缩短，相邻电子轨道重叠增加，电子结构及晶体结构发生了改变。在原子、分子之间的相互作用下，最终达到了高压平衡态。因此，高压下物质的物理、化学性质会发生改变，还可能产生、形成或相变为其他物质结构。例如，在 5.5 万 Pa，1 500℃，并有铁钴镍做催化剂的条件下，石墨可转化为金刚石；在 70 万 Pa 下，氢可转化为结晶态金属氢。另外，金属在高压下会增加其延展性，如，钢在 1.5 万~2 万 Pa 下，会失去弹性而产生塑性形变；压力对半导体的载流子密度和迁移率也会有显著影响，因而高压下半导体的电阻率将发生巨大变化，如，锗在 12 万 Pa 下会转变为白锡结构，成为金属导体；某些常温下为绝缘体的物质如碘，在高压下可转变为金属态；某些常温下的金属如镱，在高压下会转变为绝缘体。这种现象与高压下能带的交叠和脱离交叠有关系。

近年来，随着工业技术的发展，高硬度材料的用途越来越广泛，其在模具、耐磨零件等方面应用显著，这就务必加大了对材料物性方面的要求。因此，本书主要介绍高硬度材料在高压条件下物理性质的测试及分析方法。第一章主要介绍高压物理计算的相关背景及要研究的内容与方向；第二章主要阐述高压物理计算的理论基础；第三章和第四章分别阐述晶体的热力学性质及弹性性质的理论基础；第五章为计算程序及软件介绍；第六章主要介绍如何利用 VASP 程序对晶体结构进行物性分析；第七章主要介绍如何利用 CASTEP 程序对晶体结构进行物性分析。第八章主要简述高硬度材料 MN 的研究进展。

作　者

日　期

目　录

第一章　高压物理计算概述

1.1　研究背景

1.1.1　高压物理学

所谓高压就是任何压强大于 0GPa 的环境条件。当物体所处压强大于 0GPa 时，其诸多物理性质，如晶体结构、力学及热力学稳定性、硬度、弹性等往往会发生改变，这种研究物质高压行为的学科就称为高压物理学。必须说明的是，压强和温度是互相联系、互相影响的，一定程度的压强可能会导致高温度或低温度，一定程度的温度也可能会导致高压强或负压强。由于在这一学科中，研究的物质对象都是由无限多的微观粒子构成，也就是说物质通常处于固体或液体状态下，因此，这一学科实质上又可称为高压凝聚态物理学。

将物质放置在高压环境中时，物质受压体积变小，内部分子及原子之间的距离缩短，电子密度及能带结构重新分布，这在一定程度上就会使物质的微观结构发生变形，进而形成新的晶体结构，并且具有与之前截然不同的物理和化学特性。在高压条件下晶体与非晶体之间、金属与绝缘体之间都有可能发生转变，这些转变统称为高压相变。由高压相变产生的一些新结构在常温常压下具有优异的物理性质，并且可以长期保存，根据这一特点，通过实验可获得新的人工合成材料。另外，通过高压加工的方法可以改变物质的韧脆性，如，在高压挤压作用下可将某些特殊用途材料制作成异形截面的工业棒材，在高压冲击技术下可诱发物质结构内部缺陷和运动的产生，进而完成了结构硬化。工业生产中，一些耐火材料的烧制（如陶瓷）、各种复合材料的熔融（如瓷釉）等都是结合了高压条件下结构相变、硬度强化的重要原理[1]。据统计，利用高压条件可以衍生出 5 倍于现有物质的新结构，因此高压条件是探索新的功能材料非常重要的方法之一。

1.1.2　理论模拟计算

随着科技水平的逐步发展，物理实验条件稳步上升，高压实验技术日渐成熟，但就目前阶段而言，由于一些材料及试验手段的限制，如样品试件昂贵、稀少；样品受压效果不显著；实验允许测量时间短暂等使得高压条件下合成新的结构困难重重。在理论上，我们可以先通过模拟计算对物质的各种属性进行前期预测，推断出物质的应用潜能及应用方向，然后将理论模拟计算得到的物质结构参数、相变压强或其他环境条件参数代入实验环境，进而可以更好地引导实验方向，加大了实验成功率，减小了材料消耗。另外，通过实验结果与理论数据的对比还可以验证原理的可靠性及数据的准确性，因此，可以说实验操作与理论计算是相辅相成的。

理论上来讲，通过量子力学分析可以求解出物质属性的所有参数，但在求解薛定谔方程时涉及多电子体系的模型构建及有效近似，这就使得计算过程极其烦琐，因此，借助计算机模拟可使计算任务大大减少。

计算机模拟是指借助计算机平台来模仿物质材料的内部体系与外部的相互关联，进而可以评估物质微观结构的物理特性，如可以预测物质的导电导热性能、发光散热特性及顺、逆磁性等。常见的计算机模拟方法有分子动力学法、蒙特卡洛法以及从头计算法。从头计算法不利用经验参数，在计算过程中也不涉及很多简化，又可叫作第一原理方法，是很多高压理论物理研究工作者通常选择的方法。

简单来说，只要是在量子力学原理上建立起来的算法都称为第一原理方法。我们知道，分子是衡量晶体结构性质的最小微粒，分子是原子构成的，原子又可分为原子核及核外电子，原子核与核外电子之间是存在相互作用力的。基于这些微粒之间的作用原理来分析物质的最小结构及结构能量，进而可得到物质的物理及化学性质，这就是量子力学计算。在量子计算过程中，第一原理方法只涉及电子的质量 m_0 与电量 e、光速 c、普朗克常数和玻尔兹曼常数。由于没有利用经验参数，这种计算方法速度非常缓慢，但是计算精度非常高。为了适当提高计算速度，可以考虑部分经验参数，当然相应地降低了一些结果的精确性。这一计算方法已经在理论物理的众多领域发挥了巨大的作用。

1.2　研究内容

众所周知，在自然界中，由碳元素组成的金刚石是最坚硬的物质。在工业、农业等各个生活领域，金刚石已经被发掘出巨大的应用价值，然而由于其储量稀少，因此在生活中还不是很普及。鉴于高硬度材料在磨料、刀具、耐磨涂料等基础科学和技术应用中的优异性能，寻找新的超硬材料成为人们关注的热点。1955年，研究人员利用高温高压的方法已合成了人工金刚石，但由于金刚石易与切割材料发生反应，并且在一定温度与压强下易转化成其他同素异形体，因而科研工作者将目光转向了过渡金属化合物。

1.2.1 过渡金属

在元素周期表中(如图 1.1 所示),位于ⅢB族至ⅧB族的所有化学元素都是过渡元素,又可称为 d 区元素或过渡金属。从原子结构上来看,过渡金属的价电子主要位于次外层的 d 轨道上。与其他主族元素比较发现,过渡金属在结构上主要存在几个明显特征:首先是原子结构的最外层电子的数目,大多数是两个,部分特殊的是一个;另外就是处于原子结构次外层或倒数第三层的电子并没有填全,因此原子结构并不稳定。

根据 d 区轨道的不同,可将过渡金属划分为三类,即 3d 过渡金属、4d 过渡金属和 5d 过渡金属。除了 Pd,3d 过渡金属和 4d 过渡金属的 f 轨道完全没有电子,也就是说 d 轨道的电子并不全满,分别是位于第四周期的 Sc、Ti、V、Cr、Mn、Fe、Co、Ni 以及位于第五周期的 Y、Zr、Nb、Mo、Tc、Ru、Rh、Pd;5d 过渡金属 d 轨道也没有全部填满电子,但 f 轨道为全满,主要包括第六周期的 La、Hf、Ta、W、Re、Os、Ir、Pt。它们的价层电子结构可表示为 $(n-1)d^{1\sim9}ns^{1\sim2}$(其中,$n$ 为周期数),具体情况见表 1.1、表 1.2、表 1.3。

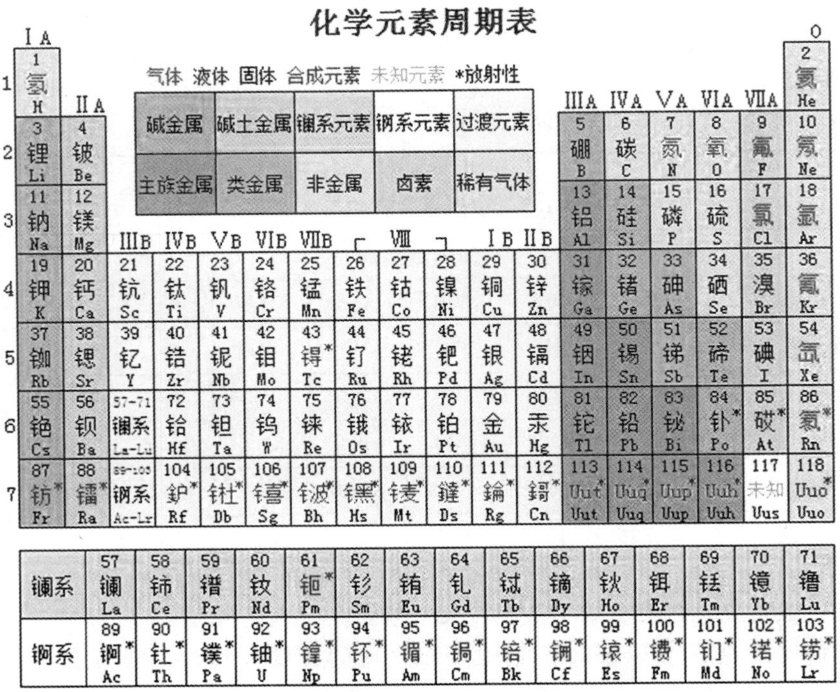

图 1.1 元素周期表

表 1.1　3d 过渡金属的基本性质

3d 过渡金属								
族数	ⅢB	ⅣB	ⅤB	ⅥB	ⅦB	Ⅷ		
元素符号	Sc	Ti	V	Cr	Mn	Fe	Co	Ni
价层电子结构	$3d^1 4s^2$	$3d^2 4s^2$	$3d^3 4s^2$	$3d^5 4s^1$	$3d^5 4s^2$	$3d^6 4s^2$	$3d^7 4s^2$	$3d^8 4s^2$
密度/$(g \cdot cm^{-3})$	2.99	4.5	6.11	7.19	7.44	7.87	8.90	8.91
熔点/K	1 814	1 933	2 163	2 173	1 517	1 808	1 768	1 728
原子半径/pm	160	148	134	128	127	124	125	124

表 1.2　4d 过渡金属的基本性质

4d 过渡金属								
族数	ⅢB	ⅣB	ⅤB	ⅥB	ⅦB	Ⅷ		
元素符号	Y	Zr	Nb	Mo	Tc	Ru	Rh	Pd
价层电子结构	$4d^1 5s^2$	$4d^2 5s^2$	$4d^3 5s^2$	$4d^5 5s^1$	$4d^5 5s^2$	$4d^7 5s^1$	$4d^8 5s^1$	$4d^{10} 5s^0$
密度/$(g \cdot cm^{-3})$	4.47	6.56	8.57	10.2	11.5	12.4	12.4	12.0
熔点/K	1 795	2 095	2 741	2 890	2 447	2 583	2 239	1 852
原子半径/pm	182	162	143	136	136	134	134	138

表 1.3　5d 过渡金属的基本性质

5d 过渡金属								
族数	ⅢB	ⅣB	ⅤB	ⅥB	ⅦB	Ⅷ		
元素符号	La	Hf	Ta	W	Re	Os	Ir	Pt
价层电子结构	$5d^1 6s^2$	$5d^2 6s^2$	$5d^3 6s^2$	$5d^5 6s^1$	$5d^5 6s^2$	$5d^6 6s^2$	$6d^7 6s^2$	$5d^9 6s^1$
密度/$(g \cdot cm^{-3})$	6.14	13.3	16.7	19.3	21.0	22.6	22.4	21.4
熔点/K	1 194	2 503	3 269	3 680	3 453	3 327	2 683	2 045
原子半径/pm	189	156	143	137	137	135	136	139

由上表可知，过渡金属单质中，大多数密度较大。除了 Sc、Ti 和 Y 三种过渡金属的密度是小于 5g/cm³，其他过渡金属的密度都较大，都属于是重金属。另外，在同一族里，3d、4d、5d 过渡金属的密度逐渐增高，所以 5d 过渡金属几乎都具有特别大的密度，其中，Os 的密度高达 22.6g/cm³。过渡金属单质的熔

点也比较高。我们知道，过渡金属单质的熔点与金属键互相关联，而金属键的形成与 d 轨道价电子的数目互相关联(见图 1.2)。在 3d 过渡金属中(见表 1.1)，前 4 个(Sc～Cr)的 d 轨道电子数依次上升，相应地就有更多的电子数加入金属键的构成，这样就会使金属键键性稳步变强，金属熔点逐渐增大；到了第 5 个 3d 过渡金属 Mn，因为其 3d 轨道是处于半满状态，4s 轨道是处于全满状态，所以具有非常稳定的原子结构，价电子就不太容易加入金属键，这样 Mn 就会有相对较低的熔点；后 3 个过渡金属(Fe～Ni)的 d 轨道电子数虽然也是依次上升，但由于这些 d 轨道电子数目都多于 5 个，因此构成金属键的能力是稳步下降的，金属熔点逐渐降低。在 4d(见表 1.2)和 5d(见表 1.3)过渡金属中，位于基态的电子结构很是交错复杂，如，4d 过渡金属中的 4d 和 5s 以及 5d 过渡金属中的 5d 和 6s，由于这些轨道间的能级差值相对较小，因而能级容易交错，其中，W 是熔点最大的金属，可高达 3 680K。

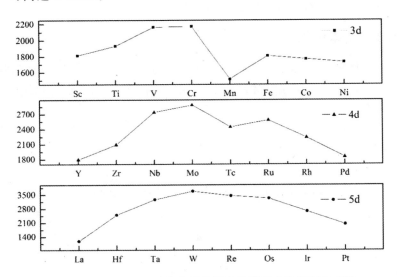

图 1.2　3d、4d、5d 过渡金属的熔点随原子序数的变化趋势

过渡金属还有很多特殊的优异性能，如延展性、耐腐蚀性、导电导热性等，因此在很多领域，如机械制造、医疗卫生、交通运输、信息产业等方面都广泛涉及，极好地促进了经济生活的发展。如，Fe 是重工业生产的重要原料，是用量最大的金属；Cr 是很好的"亲生物金属"，可用于制造人造关节和医疗器械；Pd、Pt 是现代电子工业的重要原料，可制造各种精密电子器件；Ti 是各种交通运输、军事制造行业的重要原料。在我们国家，过渡金属种类繁多、储备充足，是我国经济快速发展、社会主义现代化建设顺利进行的物质保证。

1.2.2 过渡金属化合物

由 1.2.1 节分析可知，过渡金属的价电子密度普遍较大，容易构成稳定的金属键，但金属内部位错的形成及移向不受金属键的影响，这样过渡金属的体积模量就通常很大，硬度很低。通过在过渡金属内部掺杂轻质元素 B、C、N 等，可以在物质内部产生较强的局域而定向的共价键，这样便大大增强了晶体结构的抗弹性形变能力及抗塑性形变能力，进而成为可替代金刚石的高硬度材料。

实验上，2004 年，Gregoryanz 等人首次通过金刚石对顶压砧及激光加热的方法人工合成了 PtN[2]，并测得 PtN 的体积模量高达 372GPa。利用同样的方法，各种过渡金属的 B、C、N 等化合物相继被合成[3-9]，并且通过实验可以观察到各类过渡金属化合物的结构特征。理论上，随着各类计算模拟程序（如 MS、VASP、SIESTA、PWSCF、GAUSS 等）的开发，很多学者深入探索了过渡金属化合物的各种晶体结构、结构参数、热力学及弹性性质。

1.2.3 晶体结构

晶胞是晶体结构中最小、最简单、最基础的结构单元，它不仅能够保留晶体结构的对称性，而且携带了晶体结构的其他重要特性。在结构及大小上，晶胞与空间格子的平行六面体具有一致的单位。假定晶胞基矢是：a、b、c，基矢间的夹角是：α、β、γ，以 a、b、c 所在方向为轴建立一个坐标系。根据晶体结构的空间点阵特征，大体分成了七大晶系：立方晶系、三方（角）晶系、四方（角）晶系、六方（角）晶系、斜方（正交）晶系、单斜晶系、三斜晶系。

（1）立方晶系（cubic）：$a=b=c$，$\alpha=\beta=\gamma=90°$，其晶体结构如图 1.3 所示。

(a)简立方　　　　　　(b)体心立方　　　　　　(c)面心立方

图 1.3　立方晶系结构图

（2）三角晶系（trigonal）：$a=b=c$，$\alpha=\beta=\gamma\neq90°<120°$，其晶体结构如图 1.4 所示。

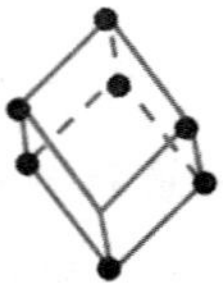

图 1.4　三角晶系结构图

（3）四角晶系（tetragonal）：$a = b \neq c$，$\alpha = \beta = \gamma = 90°$，其晶体结构如图 1.5 所示。

　　　（a）简单四角　　　　　　　　（b）体心四角

图 1.5　四角晶系结构图

（4）六角晶系（hexagonal）：$a = b \neq c$，$\alpha = \beta = 90°$，$\gamma = 120°$，其晶体结构如图 1.6 所示。

图 1.6　六角晶系结构图

（5）正交晶系（orthorhombic）：$a \neq b \neq c$，$\alpha = \beta = \gamma = 90°$，其晶体结构如图 1.7 所示。

　（a）简单正交　　　　（b）底心正交　　　　（c）体心正交　　　　（d）面心正交

图 1.7　正交晶系结构图

（6）单斜晶系（monoclinic）：$a \neq b \neq c$，$\alpha = \gamma = 90° \neq \beta$，其晶体结构如图 1.8 所示。

　　　（a）简单单斜　　　　　　　　（b）底心单斜

图 1.8　单斜晶系结构图

（7）三斜晶系（triclinic）：$a \neq b \neq c$，$\alpha \neq \beta \neq \gamma$，其晶体结构如图 1.9 所示。

图 1.9　简单三斜

世间万物的晶体形态成千上万，这些晶体形态的生长发育皆来源于这七大晶系。

第二章　理论基础

2.1　密度泛函理论的基本近似

归根到底，量子力学计算就是求解薛定谔方程的过程。由于研究对象是多粒子体系的凝聚态物质，因此使得推导过程相当复杂且缓慢。综合考虑，在整个推导过程中首先应用了非相对论近似与玻恩-奥本海默绝热近似；然后又逐步结合了单电子近似及 Hartree-Fock 近似来提高计算的速度与精度。以下内容将详细说明密度泛函理论中涉及的这些基本近似理论。

2.1.1　固体多粒子体系的薛定谔方程

对于固体多粒子体系来讲，相应的波函数 Ψ 起着不可或缺的作用。在量子力学中有介绍，通过体系波函数可以求解物质的任何物理性质，也就是说，波函数是体系信息的载体。对于单电子波函数，其薛定谔方程如下：

$$\left[-\frac{\hbar^2}{2m}\nabla^2+V(\boldsymbol{r})\right]\Psi(\boldsymbol{r})=\varepsilon\Psi(\boldsymbol{r}) \tag{2.1.1}$$

因此，将单电子波函数叠加即可得多粒子波函数的薛定谔方程：

$$\left[\sum_{i=1}^{N}\left(-\frac{\hbar^2}{2m}\nabla_i^2+V(\boldsymbol{r}_i)\right)+\sum_{i<j}U(\boldsymbol{r}_i,\ \boldsymbol{r}_j)\right]\Psi(\boldsymbol{r}_1,\ \boldsymbol{r}_2,\ \cdots,\ \boldsymbol{r}_N)$$
$$=E\Psi(\boldsymbol{r}_1,\ \boldsymbol{r}_2,\ \cdots,\ \boldsymbol{r}_N) \tag{2.1.2}$$

即

$$\hat{H}\Psi(\boldsymbol{r},\ \boldsymbol{R})=E\Psi(\boldsymbol{r},\ \boldsymbol{R}) \tag{2.1.3}$$

其中：$\boldsymbol{r}$ 表示所有电子的空间坐标 $\{\boldsymbol{r}_i\}$ 的合集；$\boldsymbol{R}$ 代表所有原子核的空间坐标 $\{\boldsymbol{R}_i\}$ 的合集。我们知道，若不考虑外界其他作用力的影响，那固体的哈密顿量就可以概括全部微粒的动能及微粒间的相互作用能。固体由大量的原子构成，而原子核与核外电子又构成了原子。这样固体多粒子体系的哈密顿量就有以下表达形式：

$$\hat{H}(\boldsymbol{r},\ \boldsymbol{R})=\hat{H}_e(\boldsymbol{r})+\hat{H}_N(\boldsymbol{R})+\hat{H}_{e-N}(\boldsymbol{r},\ \boldsymbol{R}) \tag{2.1.4}$$

其中：电子的哈密顿量 $\hat{H}_e(\boldsymbol{r})$ 可表示为

$$\hat{H}_e(\boldsymbol{r}) = \hat{T}_e(\boldsymbol{r}) + \hat{V}_e(\boldsymbol{r}) = -\sum_i \frac{\hbar^2}{2m} \nabla_{r_i}^2 + \frac{1}{2} \sum_{i,\,i'} \frac{e^2}{|\boldsymbol{r}_i - \boldsymbol{r}_i'|} \quad (2.1.5)$$

其中：$\hat{T}_e(\boldsymbol{r})$ 是指电子的动能；$\hat{V}_e(\boldsymbol{r})$ 是指电子间的相互作用能。相应地，m 对应电子的质量；$\boldsymbol{r}_i$ 和 $\boldsymbol{r}_i'$ 分别对应第 i 个和第 i' 个电子的位置矢量，除了 $i = i'$ 的电子，所有的电子都要求和。需要说明的是：由相对论可知，电子在高速运动时其质量不等于静态质量，其动态质量与电子运动速度、光速及静态质量有关。但是在处理以上公式的过程中，其实相对论效应是被忽略掉的，因而在这里认为电子的质量大小等同于其静止质量。

同理，原子核的哈密顿量 $\hat{H}_N(\boldsymbol{R})$ 亦可分为动能和原子核之间的库仑相互作用能，其表达式为

$$\hat{H}_N(\boldsymbol{R}) = \hat{T}_N(\boldsymbol{R}) + \hat{V}_N(\boldsymbol{R}) = -\sum_j \frac{\hbar^2}{2M_j} \nabla_{R_j}^2 + \frac{1}{2} \sum_{j,\,j'} \frac{Z_j Z_j' e^2}{|\boldsymbol{R}_j - \boldsymbol{R}_j'|} \quad (2.1.6)$$

以上公式中：$\hat{T}_N(\boldsymbol{R})$ 是指原子核的动能；$\hat{V}_N(\boldsymbol{R})$ 是指各个原子核间的相互作用能。相应地，M_j 对应原子核的质量，$\boldsymbol{R}_j$ 和 $\boldsymbol{R}_j'$ 分别对应第 j 个和第 j' 个原子核的位置矢量。以上公式中，当 $j = j'$ 时，公式不需要求和；当 $j \neq j'$ 时，全部原子核皆参与求和。

公式（2.1.4）的右侧最后一项代表电子与原子核间的相互作用能，具体形式有：

$$\hat{H}_{e-N}(\boldsymbol{r},\ \boldsymbol{R}) = -\sum_{i,\,j} V_{e-N}(\boldsymbol{r}_i - \boldsymbol{R}_j) \quad (2.1.7)$$

以上这些公式便是固体材料的非相对论量子力学的基础。从理论上来讲，通过求解以上式子我们就可以求得任何给定固体材料的所有物理性质。然而固体材料是由大量粒子所组成的多粒子体系，这个体系是非常庞大的，自由度也很大，即便只求解小体积（如 1 m^3）的固体材料的多粒子薛定谔方程，求和后得到的数量级也是非常可观的，另外，电子与原子核的交叉项（2.1.7）很难精确求解，因此，为了方便求解多粒子体系的薛定谔方程，必须根据物理模型引入一定的简化和近似。

2.1.2 玻恩-奥本海默绝热近似

由 2.1.1 小节的讨论可以知道多粒子体系的庞大，另外多粒子体系的运动也很复杂，既包括全部电子的运动，又包括全部原子核的运动。然而，我们又知道，相对于电子来讲，原子核的质量是非常大的，相当于电子质量的 10^4 倍。由动量守恒定律可以知道，在它们碰撞的瞬间，动量是相等的，因此可以得知电子的运动速度是原子核的 10^4 倍。因为原子核的振动速度微小，可忽略不计，所以

这里也就不再考虑原子核间的相对运动，仅是分析了电子运动的平均作用结果。换句话说，我们可以认为电子是时刻运动于静止的原子核形成的势场中。同理，在分析晶体结构分子的振动及转动时，能够将电子的分布假设成"电子云"，而原子核则浸没在了这片云中。对于固体多粒子体系，通过分离原子核及电子的坐标变量，就可将原先十分繁杂的波函数求解过程化解成只需解决两个相对简单的方程。这两个方程对应的分别是电子波函数及原子核波函数的求解过程，以上思路就是玻恩-奥本海默近似，由于电子可绝热于原子核运动，因此也可称为绝热近似[10,11]。

基于以上近似，由分离变量法可求得多粒子体系的薛定谔方程的解为

$$\Psi_n(\boldsymbol{r},\ \boldsymbol{R}) = \sum_n x_n(\boldsymbol{R})\varphi_n(\boldsymbol{r},\ \boldsymbol{R}) \tag{2.1.8}$$

其中：$x_n(\boldsymbol{r})$ 为原子核的波函数；$\varphi_n(\boldsymbol{r},\ \boldsymbol{R})$ 为多电子的哈密顿量。因为固体多粒子体系的哈密顿量为

$$\hat{H}_0(\boldsymbol{r},\ \boldsymbol{R}) = \hat{H}_e(\boldsymbol{r}) + \hat{V}_N(\boldsymbol{R}) + \hat{H}_{e-N}(\boldsymbol{r},\ \boldsymbol{R}) \tag{2.1.9}$$

因而，固体多粒子体系的薛定谔方程的解具有以下形式：

$$\hat{H}_0(\boldsymbol{r},\ \boldsymbol{R})\varphi_n(\boldsymbol{r},\ \boldsymbol{R}) = E_n(\boldsymbol{R})\varphi_n(\boldsymbol{r},\ \boldsymbol{R}) \tag{2.1.10}$$

其中：n 表示电子态的量子数；$\boldsymbol{R}$ 表示原子核的瞬时位置。

将式公式（2.1.8）代入（2.1.3）中后，可得如下两个方程：

$$\Big[-\sum_i \nabla_{r_i}^2 + \sum_{i,i'}\frac{1}{2}\frac{1}{|\boldsymbol{r}_i - \boldsymbol{r}_{i'}|} - \sum_{i,j}\frac{Z_j}{|\boldsymbol{r}_i - \boldsymbol{R}_j|}$$
$$+ \frac{1}{2}\sum_{j,j'}\frac{Z_j Z_{j'}}{|\boldsymbol{R}_j - \boldsymbol{R}_{j'}|}\Big]\varphi(\boldsymbol{r},\ \boldsymbol{R}) = E_n(\boldsymbol{R})\varphi(\boldsymbol{r},\ \boldsymbol{R}) \tag{2.1.11}$$

$$-\sum_j \frac{1}{2M_j}\nabla_{\boldsymbol{R}_j}^2 x(\boldsymbol{R}) + E_n(\boldsymbol{R})x(\boldsymbol{R}) = Ex(\boldsymbol{R}) \tag{2.1.12}$$

其中：$i \neq i'$，$j \neq j'$，$\sum_{i,j}\dfrac{Z_j}{|\boldsymbol{r}_i - \boldsymbol{R}_j|}$ 为电子位能算符。式（2.1.11）为多电子的运动方程；式（2.1.12）为原子核的运动方程。

注意：以上公式中均采用了原子单位，即 $e^2 = 1$，$\hbar = 1$，$2m = 1$，且原子核的坐标 $\boldsymbol{R}$ 只以参量的形式出现。在公式（2.1.11）中，$\left(\dfrac{1}{2}\sum_{j,j'}\dfrac{Z_j Z_{j'}}{|\boldsymbol{R}_j - \boldsymbol{R}_{j'}|}\right)$ 是常数，因而从 E_t 中可以直接减去，这样一来，多电子的总哈密顿量就可简化为

$$\Big[-\sum_i \nabla_{r_i}^2 - \sum_{i,j}\frac{Z_j}{|\boldsymbol{r}_i - \boldsymbol{R}_j|} + \sum_{i,i'}\frac{1}{2}\frac{1}{|\boldsymbol{r}_i - \boldsymbol{r}_{i'}|}\Big]\varphi = E\varphi \tag{2.1.13}$$

其中：$-\sum_i \nabla_{r_i}^2$ 代表第 i 个电子的动能；$-\sum_{i,j}\dfrac{Z_j}{|\boldsymbol{r}_i - \boldsymbol{R}_j|}$ 代表原子核对第 i 个电子

的相互作用能；$\sum_{i,i'} \dfrac{1}{2} \dfrac{1}{|\boldsymbol{r}_i - \boldsymbol{r}_{i'}|}$ 代表该电子与其他电子间的相互作用能。这些都是电子位置矢量的函数。上式又可化简成单电子算符 $\hat{H}_i$ 和双电子算符 $\hat{H}_{ii'}$ 的形式：

$$\left[\sum_i \hat{H}_i + \sum_{i,i'} \hat{H}_{ii'} \right] \varphi = E\varphi \tag{2.1.14}$$

其中：

$$\hat{H}_i = -\nabla_{\boldsymbol{r}_i}^2 - \frac{Z_j}{|\boldsymbol{r}_i - \boldsymbol{R}_j|} \tag{2.1.15}$$

$$\hat{H}_{ii'} = \frac{1}{2} \frac{1}{|\boldsymbol{r}_i - \boldsymbol{r}_{i'}|} \tag{2.1.16}$$

由以上公式推导过程中可以看出，在玻恩-奥本海默绝热近似后，电子与原子核的运动发生了解耦，这一解耦使得固体理论出现了固体电子和晶格动力学两大理论分支。以上过程虽然对原子核与电子分离后的体系进行了化简，但我们看到求解粒子之间的相互作用仍然存在一定的难度，进而使得求解对应薛定谔方程的能量本征值也充满挑战。

2.1.3 Ritz 变分法[12]

假定体系的基态波函数具有以下形式：

$$\varphi(q, c_1, c_2, \cdots) \tag{2.1.17}$$

其中：q 表示体系的所有坐标；c_1，c_2，$\cdots$代表各个待定的参数，则能量平均值具有以下形式：

$$\overline{H} = \int \varphi^* \hat{H} \varphi \mathrm{d}q \Big/ \int \varphi * \varphi \mathrm{d}q = \overline{H}(c_1, c_2, \cdots) \tag{2.1.18}$$

根据变分原理，对 $\overline{H}$ 取极值，即 $\delta\overline{H} = 0$，则有：

$$\sum_i \frac{\partial \overline{H}}{\partial c_i} \delta c_i = 0 \tag{2.1.19}$$

并且有：

$$\frac{\partial \overline{H}}{\partial c_i} = 0, \ (i = 1, 2, 3, \cdots) \tag{2.1.20}$$

以上即为 c_i 需要满足的条件。通过求解得到 c_i 的具体值，将所得结果代入公式(2.1.17)、(2.1.18)即可得体系的基态波函数及体系的基态能量，这样便求出了限制在公式(2.1.17)形式下的最佳波函数。

2.1.4 单电子近似

从 2.1.2 节内容可知，在玻恩-奥本海默绝热近似后，电子与原子核的运动发生了解耦，但求解耦后求解粒子之间的相互作用仍然存在一定的难度。作为电子，结构上又分为内层电子和外层价电子，但这两种电子的运动形式又有着很大的不同。由于内层电子受原子核的束缚作用相对而言比较大，因此，这里可将内层电子与原子核看成一个整体，并且命名为"离子实"。本书后文所提到的电子的运动，实质是指外层价电子的运动。

外层价电子并不是孤立的，其运动受到了晶格离子实的相互作用以及其他电子的库仑作用。为了简化电子的运动，这里引入一个平均势场 $\sum_i \bar{V}_e(\boldsymbol{r}_i)$ 来取代电子间的库仑作用，即

$$\sum_i \bar{V}_e(\boldsymbol{r}_i) \approx \frac{1}{2} \sum_{i,i'} \frac{1}{|\boldsymbol{r}_i - \boldsymbol{r}_{i'}|} \tag{2.1.21}$$

其中：$\bar{V}_e(\boldsymbol{r}_i)$ 表示第 i 个电子受到其他电子的库仑作用，求和后便为体系内所有电子间的库仑作用。所以，第 i 个电子受到的电子库仑作用与离子实的相互作用的总和 $V_e(\boldsymbol{r}_i)$ 可表示为

$$V_e(\boldsymbol{r}_i) = \sum_{i,i'} \frac{1}{2} \frac{1}{|\boldsymbol{r}_i - \boldsymbol{r}_{i'}|} - \sum_{i,j} \frac{Z_j}{|\boldsymbol{r}_i - \boldsymbol{R}_j|} = V_{e-N'}(\boldsymbol{r}_i, \boldsymbol{R}_{N'}) + \bar{V}_e(\boldsymbol{r}_i)$$

$$\tag{2.1.22}$$

其中：N' 代表原子核，$V_{e-N'}(\boldsymbol{r}_i, \boldsymbol{R}_{N'})$ 表示离子实与电子的相互作用。这样体系中电子运动的哈密顿量即可写为

$$\hat{H}_e = \sum_i \left[-\nabla_{r_i}^2 + V_e(\boldsymbol{r}_i) \right] \tag{2.1.23}$$

很明显，全部单电子的哈密顿量的叠加便是多电子体系的哈密顿量。于是，就得到了如下单电子的哈密顿量的计算公式：

$$\hat{H}_{ei} = -\nabla_i^2 + V_e(\boldsymbol{r}_i) \tag{2.1.24}$$

单电子的薛定谔方程为：

$$\left[-\nabla_i^2 + V_e(\boldsymbol{r}) \right] \varphi_e(\boldsymbol{r}) = E_e \varphi_e(\boldsymbol{r}) \tag{2.1.25}$$

以上近似处理方法便是单电子近似，该思路的核心就是认为所有电子都在一个相应的等效势场中运动，而该势场包含了晶格离子实对电子的相互势场及其他电子形成的平均势场。单电子近似最大的优点就是将复杂的相互作用势场纳入平均势场中，进而将每个电子可看成是独立存在的。

2.1.5 Hartree-Fock 近似

基于单电子近似理论，Hartree[13] 提出将多电子的体系波函数表示成各个单电子波函数的连乘积，即

$$\Psi(\boldsymbol{r}) = \varphi_1(\boldsymbol{r}_1) \varphi_2(\boldsymbol{r}_2) \cdots \varphi_n(\boldsymbol{r}_n) \tag{2.1.26}$$

以上乘积形式便是多电子体系的薛定谔方程的近似解，凡是可以表达成公式 (2.1.26) 的电子波函数都可看作 Hartree 波函数。

必须提及的是，在 Hartree 波函数中，所有电子的量子态一定是满足泡利不相容原理的。虽然如此，Hartree 波函数还是忽略了电子交换的反对称性。由于电子属于全同粒子，因此多电子体系的波函数一定存在交换反对称性。可见，Hartree 对多电子体系的描述还是有一定的缺陷。Fock 在 Hartree 函数的基础上做了进一步改进和简化，即提出了 Hartree-Fock 近似。

由全同粒子具有一定的对称性出发，可知处在位矢 r_1，r_2，$\cdots$，r_N 的 N 个电子的排列方式是非常多样的，可以得到 $N!$ 种。而且这些排列方式是同等地位的，这样体系的 Hartree 波函数可以写成如下 Slater 行列式：

$$\Psi(\boldsymbol{r}) = \frac{1}{\sqrt{N!}} \begin{vmatrix} \varphi_1(\boldsymbol{q}_1) & \varphi_2(\boldsymbol{q}_1) & \cdots & \varphi_N(\boldsymbol{q}_1) \\ \varphi_2(\boldsymbol{q}_1) & \varphi_2(\boldsymbol{q}_1) & \cdots & \varphi_N(\boldsymbol{q}_1) \\ \vdots & \vdots & & \vdots \\ \varphi_1(\boldsymbol{q}_N) & \varphi_2(\boldsymbol{q}_N) & \cdots & \varphi_N(\boldsymbol{q}_N) \end{vmatrix} \tag{2.1.27}$$

其中 $\boldsymbol{q}_i$ 代表位置为 $\boldsymbol{r}_i$ 的自旋函数；$\varphi_i(\boldsymbol{q}_i)$ 则代表第 i 个电子在 $\boldsymbol{q}_i$ 处的波函数，该波函数满足归一化条件，即：若以上行列式中有完全相同的两行或两列，则表明两电子状态相同，且该行列式的值为 $\Psi = 0$；并且，倘若交换行列式中的任意两行或两列，那就等价于交换了两电子，则该行列式的 Ψ 值将为反号，这就意味着此体系波函数是满足交换反对称性的，也就是说，在 Hartree-Fock 近似下，体系波函数不仅满足了泡利不相容原理，同时拥有了交换反对称性。

通过求解公式 (2.1.27)，就可得到体系能量的期望值，同时也就得到了体系哈密顿量的平均值：

$$E = \overline{\hat{H}} = \langle \varphi \mid \hat{H} \mid \varphi \rangle$$

$$= \sum_i \int \varphi_i(\boldsymbol{q}_1) \hat{H}_i \varphi_i^*(\boldsymbol{q}_1) \mathrm{d}r_1 + \frac{1}{2} \sum_{i \neq j} \iint \frac{|\varphi_i(\boldsymbol{q}_1)|^2 |\varphi_j(\boldsymbol{q}_2)|^2}{|r_1 - r_2|} \mathrm{d}r_1 \mathrm{d}r_2$$

$$- \frac{1}{2} \sum_{i \neq j} \iint \frac{\varphi_i^*(\boldsymbol{q}_1) \varphi_j^*(\boldsymbol{q}_2) \varphi_i(\boldsymbol{q}_2) \varphi_j(\boldsymbol{q}_1)}{|r_1 - r_2|} \mathrm{d}r_1 \mathrm{d}r_2$$

$$\tag{2.1.28}$$

其中，公式右侧三项分别对应单电子算符的期望值、电子间的相互作用能及电子的交换能，这正是 Hartree-Fock 近似考虑了电子的交换反对称性后的优势之处。

对以上公式变分，可得：

$$\left[-\nabla^2 + \sum_i \hat{V}(\boldsymbol{q}_1) \right] \varphi_i(\boldsymbol{q}_1) + \sum_{i'} \int \mathrm{d}r_2 \frac{|\varphi_i{}'(\boldsymbol{q}_2)|^2}{|r_1 - r_2|} \varphi_i(\boldsymbol{q}_1)$$

$$- \sum_{i'} \int \mathrm{d}\mathbf{r}_2 \frac{\varphi_i(\mathbf{q}_2)\varphi_i^{*\prime}(\mathbf{q}_2)}{|\mathbf{r}_1 - \mathbf{r}_2|} \varphi_i'(\mathbf{q}_1) = \sum_{i'} \lambda_{ii'} \qquad (2.1.29)$$

现忽略自旋-轨道耦合，去掉自旋自由度，同时考虑到自旋波函数的正交性，再对上式进行变换，令 $\varphi_i' = \sum_j u_{ij}\varphi_j$，$\lambda_{ii'} = E\delta_{ii'}$，用 $\mathbf{r}_i$ 代替 $\mathbf{q}_i$，"$\parallel$" 表示自旋平行。整理后上式可化简为

$$\left[-\nabla^2 + \sum_i \hat{V}(\mathbf{r}_1) \right] \varphi_i(\mathbf{r}_1) + \sum_{i'=(\neq i)} \int \mathrm{d}\mathbf{r}' \frac{|\varphi_i'(\mathbf{r}')|^2}{|\mathbf{r} - \mathbf{r}'|} \varphi_i(\mathbf{r})$$
$$- \sum_{i'(\neq i),\parallel} \int \mathrm{d}\mathbf{r}' \frac{\varphi_{i'}^*(\mathbf{r}')\varphi_i(\mathbf{r}')}{|\mathbf{r} - \mathbf{r}'|} \varphi_i'(\mathbf{r}) = E_i\varphi_i(\mathbf{r}) \qquad (2.1.30)$$

以上公式就是单电子的 Hartree-Fock 方程[13]。公式（2.1.30）的左侧第一项包括电子的动能及原子核对电子的相互作用能，中间一项代表体系中电子之间的相互作用能，左侧的最后一项则代表交换相互作用项，"$\parallel$"指此项只对自旋平行的电子的状态 $\varphi_i(\mathbf{r})$ 和 $\varphi_i'(\mathbf{r})$ 求和，也就是说交换相互作用项只包含自旋平行的电子的交换作用；另外需要注意的是以上公式右边的 E_i 指拉格朗日乘子，而非体系的总能量。

考虑到交换势的非定域性困难，斯莱特（Slater）提出将交换电子产生的密度 ρ^{HF} 定义为

$$\rho_i^{\mathrm{HF}}(\mathbf{r}, \mathbf{r}') = -\sum_{i',\parallel} \frac{\varphi_{i'}^*(\mathbf{r}')\varphi_i(\mathbf{r}')(\mathbf{r})\varphi_{i'}(\mathbf{r})}{\varphi_i^*(\mathbf{r})\varphi_i(\mathbf{r})} \qquad (2.1.31)$$

然后再求取其平均值，可得：

$$\rho_{\mathrm{av}}^{\mathrm{HF}}(\mathbf{r}, \mathbf{r}') = \sum_i |\varphi_i(\mathbf{r})|^2 \rho_i^{\mathrm{HF}}(\mathbf{r}, \mathbf{r}') / \sum_i |\varphi_i(\mathbf{r})|^2$$
$$= \sum_{i,i'} \varphi_i^*(\mathbf{r}')\varphi_i(\mathbf{r})\varphi_{i'}(\mathbf{r}) / \sum_i |\varphi_i(\mathbf{r})|^2 \qquad (2.1.32)$$

将上式代入 Hartree-Fock 方程，则方程可近似地写为

$$\left[-\nabla^2 + \sum_i \hat{V}(\mathbf{r}) \right] \varphi_i(\mathbf{r}) + \hat{V}_c(\mathbf{r})\varphi_i(\mathbf{r}) + \hat{V}_{\mathrm{ex}}(\mathbf{r})\varphi_i(\mathbf{r}) = E_i\varphi_i(\mathbf{r})$$
$$(2.1.33)$$

其中：

$$\hat{V}_c(\mathbf{r}) = \int \mathrm{d}\mathbf{r}' \rho(\mathbf{r}') \frac{1}{\mathbf{r} - \mathbf{r}'}$$

$$\hat{V}_{\mathrm{ex}}(\mathbf{r}) = \int \mathrm{d}\mathbf{r}' \rho_{\mathrm{av}}^{\mathrm{HF}}(\mathbf{r}, \mathbf{r}') \frac{1}{\mathbf{r} - \mathbf{r}'} \qquad (2.1.34)$$

以上公式中：$\hat{V}_c(\mathbf{r})$ 表示体系中单电子受到其他电子的平均库仑作用势；$\hat{V}_{\mathrm{ex}}(\mathbf{r})$ 是指由 $\rho_{\mathrm{av}}^{\mathrm{HF}}$ 所决定的一个交换势。现令

$$\hat{V}_{\text{eff}}(\boldsymbol{r}) = \sum_i \hat{V}(\boldsymbol{r}) + \hat{V}_c(\boldsymbol{r}) + \hat{V}_{\text{ex}}(\boldsymbol{r}) \qquad (2.1.35)$$

则公式(2.1.33)可化简为

$$[-\nabla^2 + \hat{V}_{\text{eff}}(\boldsymbol{r})] \varphi_i(\boldsymbol{r}) = E_i \varphi_i(\boldsymbol{r}) \qquad (2.1.36)$$

这就是单电子有效势方程,需要说明的是,通过对体系的所有拉格朗日乘子 E_i 求和后发现:求和结果并不等同于体系的总能量 E,这是因为对 E_i 求和时重复计算了电子间的库仑作用和交换相互作用。所以,E_i 不是单电子的能量。由 Koopmans 定理[14]可知,E_i 是指从体系中取走一个电子并且其他电子状态不发生改变时体系所具有的能量,该定理还指出,电子从状态 φ_i 转移到 φ_j 需要的能量是 $E_j - E_i$。

在能带理论中,我们知道有单电子近似的薛定谔方程。从形式上来看,此处的单电子有效势方程与其很接近。它们的相同点是:两者都是把复杂的多电子抽离成简单的单电子,并认为这些电子是在一个等效势场中运动,在这一等效势场中包含了电子间的库仑相互作用以及原子核对电子的相互作用;其不同点是:在能带理论中只是用一个平均场取代了电子间的相互作用,而 Hartree-Fock 近似中却把电子间的相互作用详细分成了电子的库仑相互作用及电子的交换相互作用。因此我们可以说,Hartree-Fock 近似更严谨地描述了电子间的相互作用。

然而要求解以上 Hartree-Fock 方程仍存在很多困难:

(1)在自洽场的近似中,不计自旋反平行电子间的相互作用,忽略了电子的关联相互作用。

(2)通过自洽迭代的方法得到 φ_i 值,直到满足所要求的精度范围,较难得到交换电荷的空间分布。

(3)由于在波函数中对对称性的严格要求,体系相应的波函数只能采用一些特定的算符,如哈密顿算符 $\hat{H}$ 和自旋算符 $\hat{S}^2$ 的本征函数。虽然单个 Slater 行列式函数可以是以上方程的解,但却不一定等于相关算符的一致本征函数,所以存在对称性困难[15]。

2.2   密度泛函理论

众所周知,各种物质材料都是由大量粒子构成的,而这些微观粒子之间存在着很强的相互作用,并且这些强相互作用宏观上与固体材料的众多物理性质,如力学、热力学、电磁学、光学等方面的性质互相关联。我们知道,要从理论上计算分析物质结构的各种特性,就必须涉及多体薛定谔方程。针对一些凝聚态物质,出于其微粒的复杂性,很难快速得到对应的薛定谔方程的解,这就势必会涉及对固体体系的近似与简化。根据前面的理论，通过玻恩-奥本海默近似，可以假设原子核是静止不动的，因此多体问题就顺利简化成多电子问题。紧接着，哈特里-福克自洽场近似就把多电子问题转化成了单电子问题，且在哈特里-福克近似中只涉及简单的自旋相同的电子间的相互作用。此外，在实际的多电子体系中，一个电子状态发生变动后必定会影响附近其他电子的状态，但是前述拉格朗日乘子 E_i 这一体系能量是在假设多电子体系移走一个电子后其他电子状态不变的前提下得出的，所以需要对哈特里-福克近似进行进一步的严格处理。

早在 20 世纪 60 年代年，Kohn 和 Sham[16]等科学家在 Thomas-Fermi 模型的基础上，提出了对波函数进行积分，以简单的三个变量的电子密度分布函数替代波函数来作为研究的基本量进行量子力学计算的方法，这种方法包含了电子的交换-关联效应，充分改善了 Hartree-Fock 近似中电子有效势对电子效应描述的不足和缺陷，同时大大简化了计算过程，这就是密度泛函理论（density functional theory，DFT），其实质是在既定外势 $V(r)$ 作用下来确定相互作用的多电子系统的基态性质。这是一种严格的单电子近似理论，其基本思想就是用体系粒子数密度的唯一泛函来表示多粒子体系所有基态的物理性质[17]。密度泛函理论认为体系空间中各点的电荷密度决定了体系的哈密顿量。根据体系的基态哈密顿量可以得到体系的态密度、声子色散谱以及弹性性质等信息，所以 DFT 是分析固态体系性质的重要方法，是体系电子结构、总能量计算的有力工具。

随着交换相关能泛函近似得越来越精确，数值计算方法的日趋发展和成熟以及密度泛函理论体系的不断扩展，密度泛函理论的应用范围已越来越广泛。从量子化学、凝聚物理到生命材料，密度泛函正在成为一种标准的研究手段。

2.2.1　Thomas-Fermi 模型[18]

对于多粒子体系，其哈密顿量的定义式为

$$\hat{H} = \hat{T} + \hat{U} + \hat{V} \tag{2.2.1}$$

其中：T 表示动能；V 表示作用在电子的外势；U 表示电子之间的库仑排斥势。利用场算符可以将以上参量表示为

$$
\begin{cases}
\hat{T} \equiv \int d\boldsymbol{r}\, \nabla \hat{\varphi}^{+}(\boldsymbol{r}) \cdot \nabla \hat{\varphi}(\boldsymbol{r}) \\
\hat{V} \equiv \int d\boldsymbol{r}\, v(\boldsymbol{r}) \hat{\varphi}^{+}(\boldsymbol{r}) \hat{\varphi}(\boldsymbol{r}) \\
\hat{U} \equiv \dfrac{1}{2} \int d\boldsymbol{r}\, d\boldsymbol{r}'\, \dfrac{1}{|\boldsymbol{r} - \boldsymbol{r}'|} \hat{\varphi}^{+}(\boldsymbol{r}) \hat{\varphi}^{+}(\boldsymbol{r}') \hat{\varphi}(\boldsymbol{r}) \hat{\varphi}(\boldsymbol{r}')
\end{cases} \tag{2.2.2}
$$

为简化计算，在假设基态波矢 Ψ 是非简并的情况下，电子密度的基态 $\rho(\boldsymbol{r})$

可表示为

$$\rho(\boldsymbol{r}) \equiv \langle \Psi \mid \hat{\varphi}^+(\boldsymbol{r})\hat{\varphi}(\boldsymbol{r}) \mid \Psi \rangle \qquad (2.2.3)$$

在传统的计算方法中，由于波函数 Ψ 包含了体系的所有信息，所以体系的波函数 Ψ 自然成为计算的核心量。然而，波函数 Ψ 本身非常复杂，它与 $4N$ 个变量（N 为体系中电子的总数）有关，而用 $4N$ 个变量的波函数描述体系时，计算量相当大而不便于处理。因此，在 1927 年，Thomas 和 Ferm 提出电子系统的能量值是由电荷密度唯一确定的，称为 Thomas-Fermi 模型[18]。根据这一思想，并结合体系的动能、电子交换和关联作用后，体系的总动能可表示为

$$E_{TF}[\rho(\boldsymbol{r})] = \frac{3}{10}(3\pi^2)^{2/3}\int \rho^{5/3}(\boldsymbol{r})\mathrm{d}\boldsymbol{r} \qquad (2.2.4)$$

在多电子系统中，核与核之间、电子与电子之间存在有相互作用，因此公式（2.2.4）变为如下：

$$E_{TF}[\rho(\boldsymbol{r})] = \frac{3}{10}(3\pi^2)^{2/3}\int \rho^{5/3}(\boldsymbol{r})\mathrm{d}\boldsymbol{r} - Z\int \frac{\rho(\boldsymbol{r})}{\boldsymbol{r}}\mathrm{d}\boldsymbol{r} + \frac{1}{2}\iint \frac{\rho(\boldsymbol{r}_1)\rho(\boldsymbol{r}_2)}{\boldsymbol{r}_{12}}\mathrm{d}\boldsymbol{r}_1\mathrm{d}\boldsymbol{r}_2$$
$$(2.2.5)$$

由以上公式发现，体系的能量可完全由电子密度来求解。在 Thomas-Fermi 模型中，Thomas 和 Fermi 利用变分原理确定了公式中的 $\rho(\boldsymbol{r})$，并且假定在 $\int \rho(\boldsymbol{r})\mathrm{d}\boldsymbol{r} = N$ 的约束条件下，体系的基态与最小化能量后的电子密度相关联。这种以均匀的电子密度代替电子波函数来描述自由电子气体系性质的模型相对实际体系来讲还十分粗糙，但它却是 DFT 理论的雏形。

2.2.2 Hohenberg-Kohn 引理

受 Thomas-Fermi 模型的启发，Hohenberg-Kohn 提出一种引理：电子气基态密度 $\rho(\boldsymbol{r})$ 唯一地对应着外势 $V(\boldsymbol{r})$。利用反证法可证明该引理，先假定：

$$H\Psi_0 = E_0\Psi_0, \quad H'\Psi_0' = E_0'\Psi_0' \qquad (2.2.6)$$

其中，H 与 H' 的差异在于哈密顿量中外势不同，H' 的外势用 $V'(\boldsymbol{r})$ 表示。又因为：

$$E_0 = \langle \Psi_0 \mid H \mid \Psi_0 \rangle < \langle \Psi_0' \mid H \mid \Psi_0' \rangle = \langle \Psi_0' \mid H' - V' + V \mid \Psi_0' \rangle$$
$$= E_0' + \langle \Psi_0' \mid V - V' \mid \Psi_0' \rangle \qquad (2.2.7)$$

因此，

$$E_0 < E_0' + \int (V(\boldsymbol{r}) - V'(\boldsymbol{r}))\rho'(\boldsymbol{r})\mathrm{d}\boldsymbol{r} \qquad (2.2.8)$$

同理可得，

$$E_0' = \langle \Psi_0' \mid H' \mid \Psi_0' \rangle < \langle \Psi_0 \mid H \mid \Psi_0 \rangle = \langle \Psi_0 \mid H - V + V' \mid \Psi_0 \rangle$$

$$=E_0 + \langle \Psi_0 \mid V' - V \mid \Psi_0 \rangle \tag{2.2.9}$$

因此，

$$E'_0 < E_0 + \int (V'(\boldsymbol{r}) - V(\boldsymbol{r})) \rho'(\boldsymbol{r}) \mathrm{d}\boldsymbol{r} \tag{2.2.10}$$

倘若 H 和 H' 的基态密度是等同的，即 $\rho(\boldsymbol{r}) = \rho'(\boldsymbol{r})$，则通过以上证明就会得出结果 $E'_0 + E_0 < E_0 + E'_0$，而这种结果是不可能存在的。因此，两个不一样的外势对应的基态电子密度是不等的、非简并的，也就是说 $\rho'(\boldsymbol{r}) \neq \rho(\boldsymbol{r})$，即 $V(\boldsymbol{r})$ 是 $\rho(\boldsymbol{r})$ 的唯一泛函。

2.2.3 Hohenberg-Kohn 定理

1964 年，Hohenberg 和 Kohn 提出了著名的 Hohenberg-Kohn 定理[19]（简称 H-K 定理）。其核心思想是：用电荷密度代替电子体系与外势场的相互作用，并将电荷密度当成基本变量来研究系统基本状态的特性。这一定理是密度泛函理论的基本内容，是研究多粒子体系基态性质的重要思想。此定理的内容可归结为[19]：

定理一：多粒子体系（包括原子、分子和固体）的基态粒子数密度 $\rho(\boldsymbol{r})$ 与体系的外势 $V(\boldsymbol{r})$ 一一对应，不考虑自旋的全同费米子体系的基态能量是该基态粒子数密度 $\rho(\boldsymbol{r})$ 的唯一泛函。

定理二：在粒子数不变的条件下多粒子体系的能量泛函 $E(\rho)$ 对 $\rho(\boldsymbol{r})$ 的极小值是体系的基态能量。

基于以上定理，在 $V(\boldsymbol{r})$ 给定的条件下，能量泛函可表示为

$$E[\rho] \equiv \int V(\boldsymbol{r}) \rho(\boldsymbol{r}) \mathrm{d}\boldsymbol{r} + F[\rho] \tag{2.2.11}$$

其中：$F[\rho]$ 指与外势无关的能量泛函，定义式如下：

$$F[\rho] \equiv \langle \Psi \mid \hat{T} + \hat{U} \mid \Psi \rangle \tag{2.2.12}$$

由变分原理可得任意态 Ψ' 的能量泛函为

$$E_G[\Psi'] \equiv \langle \Psi' \mid \hat{V} \mid \Psi' \rangle + \langle \Psi \mid \hat{T} + \hat{U} \mid \Psi \rangle \tag{2.2.13}$$

若任意态 Ψ' 是与 $V'(\boldsymbol{r})$ 对应的基态，那么 Ψ' 和 $V'(\boldsymbol{r})$ 就会由体系的密度函数 $\rho'(\boldsymbol{r})$ 决定，因此 $E_G[\Psi']$ 必定是 $\rho'(\boldsymbol{r})$ 的泛函。又因为，当 Ψ' 为基态 Ψ 时，$E_G[\Psi']$ 对应基态能量的极小值，即

$$E_G[\Psi'] = \langle \Psi' \mid \hat{V} \mid \Psi' \rangle + \langle \Psi' \mid \hat{T} + \hat{U} \mid \Psi' \rangle = E_G[\rho']$$
$$= F[\rho'] + \int \mathrm{d}\boldsymbol{r} V'(\boldsymbol{r}) \rho'(\boldsymbol{r}) > E_G[\Psi] \tag{2.2.14}$$
$$= F[\rho] + \int \mathrm{d}\boldsymbol{r} V(\boldsymbol{r}) \rho(\boldsymbol{r}) = E_G[\rho]$$

因此，对所有与 $V'(r)$ 相关的密度函数 $\rho'(r)$ 来讲，$E_G[\Psi]$ 是极小值。

下面进一步解释一下泛函 $F[\rho]$。

$$F[\rho] \equiv \langle \Psi \mid \hat{T} + \hat{U} \mid \Psi \rangle = T[\rho] + V_{e\text{-}e}[\rho]$$
$$= T[\rho] + \frac{1}{2}\iint \frac{\rho(r)\rho(r')}{|r-r'|}\mathrm{d}r\,\mathrm{d}r' + E_{xc}[\rho] \qquad (2.2.15)$$

以上公式后三项分别为电子的动能、电子间的相互作用能及电子间的交换-关联能，对应于电子的自旋相同及自旋反平行两种效应。

H-K 定理主要是针对非相对论、非简并基态、不计自旋的全同费米子系统，即电子系统来讲的。其内容实质主要阐述了两点：一是利用粒子数密度可以求取多粒子体系基态的波函数、能量以及算符期待值的基本变量；二是通过求取粒子数密度函数的能量泛函的极小值可以得到体系基态能量。这样以后，确定系统基态的方法从根本上来讲就是能量泛函对粒子数密度的变分，然而该定理并没有涉及能量泛函的具体形式。于是，紧接着，W. Kohn 和 L. J. Sham 提出了新的思路。

2.2.4　Kohn-Sham 方程

要解决 2.2.3 节的问题，就必须从密度函数、动能及交换-关联能三方面出发。针对 2.2.3 节的两方面疑问，1965 年 Kohn 和 Sham 提出了 Kohn-Sham 方程[16]。其核心思想是由不存在任何影响的多粒子体系的动能 $T_s[\rho]$ 取代实际有相互作用的多粒子体系的动能 $T[\rho]$，并将 $T[\rho]$ 与 $T_s[\rho]$ 之间无法转化的复杂部分归入本来就未知的交换-关联能部分。然而，要实现取代，需满足有相互作用的体系动能与无相互作用的体系动能有着相同的密度函数，这就类似于构造了一个"假定的无相互作用的体系"，并且这个体系的电子密度函数可用 N 个单粒子波函数 $\varphi_i(r)$ 来表示：

$$\rho(r) = \sum_{i=1}^{N} |\varphi_i(r)|^2 \qquad (2.2.16)$$

因而，这个"假定的无相互作用的体系"动能 $T_s[\rho]$ 为

$$T_s[\rho] = \sum_{i=1}^{N} \int \varphi_i^*(r)(-\nabla^2)\varphi_i(r)\mathrm{d}r \qquad (2.2.17)$$

于是基态能量泛函可表示为

$$E[\rho] = \sum_{i=1}^{N} \int \varphi_i^*(r)(-\nabla^2)\varphi_i(r)\mathrm{d}r + \frac{1}{2}\iint \frac{\rho(r)\rho(r')}{|r-r'|}\mathrm{d}r\,\mathrm{d}r' + E_{xc}[\rho]$$

$$(2.2.18)$$

在总粒子数不变的条件下对能量泛函变分可得：

$$\{-\nabla^2 + V_{KS}[\rho(\boldsymbol{r})]\}\varphi_i(\boldsymbol{r}) = E_i\varphi_i(\boldsymbol{r}) \tag{2.2.19}$$

其中，E_i 是拉格朗日乘子。

$$V_{KS}[\rho(\boldsymbol{r})] \equiv V(\boldsymbol{r}) + V_{Coul}[\rho(\boldsymbol{r})] + V_{xc}[\rho(\boldsymbol{r})]$$

$$= V(\boldsymbol{r}) + \int d\boldsymbol{r}' \frac{\rho(\boldsymbol{r})}{|\boldsymbol{r}-\boldsymbol{r}'|} + \frac{\delta E_{xc}[\rho]}{\delta\rho(\boldsymbol{r})} \tag{2.2.20}$$

由上可知，V_{KS} 中包含了外势，电子间的库仑势和交换关联势。上述公式 (2.2.16)、(2.2.19) 便是 Kohn-Sham 方程[16]，简称 KS 方程。

需要注意的是，这里的 E_i 是拉格朗日乘子，而并非单电子能量，当然 $E_j - E_i$ 也就并非电子跃迁的能级差，所以 KS 方程是不满足 Koopmans 定理的。实质上，KS 方程优于 Hartree-Fock 近似，因为它考虑了相关效应，它的重要核心在于将复杂的相互作用的多体问题简化为电子数密度为基本变量的单体问题。KS 方程本身已是较为严格地描述了多电子体系，但电子间的交换-关联能还是很难精确求得，还需要新的近似方法来推导 $E_{xc}[\rho]$ 的具体形式。

2.2.5 交换关联泛函

前面的理论虽然已经将多粒子体系的问题大大简化，但要实质地解决问题还必须给出 $E_{xc}[\rho]$ 的具体形式。由此可见，交换关联泛函在 DFT 中不可小觑。一般而言，交换关联泛函 $E_{xc}[\rho]$ 与空间电子密度 $\rho(\boldsymbol{r})$ 之间存在非定域的决定性关系。换句话说，空间任何位置处电子密度 $\rho(\boldsymbol{r})$ 的变动会导致整个体系中其他位置处的电子密度发生变动，而这一变动就会间接干扰交换关联，所以，要推导 $E_{xc}[\rho]$ 的具体形式就必须顾及整个体系中电子密度的分布以及其导数，而这样考虑是非常困难的，因此，这里经常采用两种近似的方法，即：局域密度近似 (LDA)[16] 和广义梯度近似 (GGA)[20]。

2.2.5.1 局域密度近似

这种近似方法是 Kohn 和 Sham[16] 提出的。其基本思想是：将整个体系看作足够小的体积元，在每个体积元中的电子密度变化非常缓慢，以至于达到一定的恒定数值 $\rho(\boldsymbol{r})$，因而可以看成一个理想的均匀电子气模型；而非均匀的电子气体系，各个体积元的电子密度与其具体的位置相关联，这时需要用一个均匀电子气的交换-关联代替体积元的交换-关联 $E_{xc}[\rho]$，随后再对所有体积元的交换-关联积分便可以得到整个体系的交换-关联。这样在局域密度近似下，多电子体系的交换关联泛函可写为

$$E_{xc}[\rho] = \int \rho(\boldsymbol{r})\varepsilon_{xc}[\rho]d\boldsymbol{r} \tag{2.2.21}$$

所以，KS 方程中的交换关联势可具体扩展为

$$V_{xc}[\rho(r)] = \frac{\delta E_{xc}[\rho]}{\delta \rho(r)} = \varepsilon_{xc}[\rho(r)] + \rho(r) \frac{\delta \varepsilon_{xc}[\rho(r)]}{\delta \rho(r)} \qquad (2.2.22)$$

其中：$\varepsilon_{xc}[\rho]$ 表示为交换-关联能密度，是电子数密度 $\rho(r)$ 的局域函数，由于电子的自旋相同及自旋反平行两种效应，通常将交换-关联能密度分为交换和关联两项来处理，即：

$$\varepsilon_{xc}[\rho] = \varepsilon_x[\rho] + \varepsilon_c[\rho] \qquad (2.2.23)$$

其中，$\varepsilon_x[\rho]$ 为交换能密度；$\varepsilon_c[\rho]$ 为关联能密度。因此，作为费米子的电子，其交换-关联能的表达形式可写为

$$E_{xc}^{LDA}[\rho\uparrow(r), \rho\downarrow(r)] = \int [\rho\uparrow(r) + \rho\downarrow(r)] \varepsilon_{xc}[\rho\uparrow(r), \rho\downarrow(r)] dr$$

$$\qquad (2.2.24)$$

其中总电荷密度 $\rho(r)$ 分解成两部分，一部分为自旋向上的电荷密度 $\rho\uparrow(r)$，一部分为自旋向下的电荷密度 $\rho\downarrow(r)$，并知电子的交换能密度公式如下：

$$\varepsilon_x^{\sigma} = -\frac{3}{4}\left(\frac{6}{\pi}\rho^{\sigma}\right)^{1/3} \qquad (2.2.25)$$

其中：σ 为自旋标记。现定义：$\xi = \dfrac{\rho\uparrow - \rho\downarrow}{\rho}$，$r_s = \left(\dfrac{3}{4\pi\rho}\right)^{1/3}$。

对于非自旋极化的电子体系，

$$\varepsilon_x = \varepsilon_x^{\uparrow} = \varepsilon_x^{\downarrow} = -\frac{3}{4\pi}\left(\frac{9\pi}{4}\right)^{1/3} r_s^{-1} \qquad (2.2.26)$$

对于自旋极化的电子体系，

$$\varepsilon_x(\rho, \xi) = \varepsilon_x(\rho, 0) + [\varepsilon_x(\rho, 1) - \varepsilon_x(\rho, 0)]f_x(\xi) \qquad (2.2.27)$$

其中：$f_x(\xi) = \dfrac{(1+\xi)^{4/3} + (1-\xi)^{4/3} - 2}{2^{4/3} - 2}$。

关于关联能密度的计算非常复杂，下面罗列几种常见的形式：

(1)Ceperley-Alder(CA)交换-关联能近似[21]

$$\varepsilon_x = -\frac{0.9164}{r_s} \qquad (2.2.28)$$

$$\varepsilon_c = \begin{cases} -0.2846/(1 + 1.0529\sqrt{r_s}) + 0.3334 r_s & (r_s \geqslant 1) \\ -0.0960 + 0.0622\ln r_s + 0.0040 r_s \ln r_s & (r_s \leqslant 1) \end{cases} \qquad (2.2.29)$$

(2)Perdew-Zunger(PZ)关联能近似[22]

$$\varepsilon_c^{PZ}(r_s) = \begin{cases} -0.048 + 0.031 \cdot \ln r_s - 0.0116 r_s + 0.0020 r_s & (r_s < 1) \\ -0.1423/(1 + 1.9529\sqrt{r_s}) + 0.3334 r_s & (r_s > 1) \end{cases}$$

$$\qquad (2.2.30)$$

（3）Hedin-Lundqvist（HL）关联能近似[23]

$$\varepsilon_c^{HL}(r_s) = -\frac{0.045}{2}\left[1+\left(\frac{r_s}{21}\right)^2\right]\ln\left(1+\frac{21}{r_s}\right)+\frac{r_s}{42}-\frac{r_s^2}{21}-\frac{1}{3} \quad (2.2.31)$$

（4）Vosko-Wilkes-Nusiar（VWN）关联能近似[24]

$$\varepsilon_c^{VWN}(r_s) = \frac{Ae^2}{2}\log\left(\frac{y^2}{Y(y)}\right)+\frac{2b}{Q}\tan^{-1}\left(\frac{Q}{2y+b}\right)$$
$$-\frac{by_0}{Y(y_0)}\left[\log\left(\frac{(y-y_0)^2}{Y(y)}\right)+\frac{2(b+2y_0)}{Q}\tan^{-1}\left(\frac{Q}{2y+b}\right)\right]$$
$$(2.2.32)$$

其中：$y=r_s^{1/2}$；$Y(y)=y^2+by+c$；$Q=(4c-b^2)^{1/2}$；$y_0=-0.10498$；$b=3.72744$；$A=0.06218$。

需要说明的是，以上所涉单位皆为原子单位。有关上面的关联能近似，应用最广泛的是 Ceperley 和 Alder 通过量子蒙特卡洛计算得到的 CA 形式。

由上述内容可知，LDA 是用均匀的电子气密度来取代非均匀体系的电子气密度，所以这种近似主要适用于那些密度变化比较缓慢的体系或高密度体系，并且已经在很大程度上模拟了真实体系。自 1980 年以来，利用在 LDA 近似下的第一性原理计算晶体电子结构的精度得到很大程度上的提高，尤其体现在计算共价键、离子键及金属键体系的晶格常数、键长和键角等方面。但 LDA 对于能量梯度很高或电子结构不均匀的情况是行不通的，如过渡金属及稀土元素材料。此外，LDA 还存在高估体系的结合能，低估晶胞参数或绝缘体、半导体的带隙等种种缺陷，这样就不得不考虑另外的解决思路。

2.2.5.2　广义梯度近似

与以上方法不同的是，广义梯度近似采用了电子密度梯度来处理实际体系中电子密度分布不均匀的情况。与 LDA 相同的地方是，广义梯度近似也采用了将电子体系分解成大量无限小的体积元的思路。其不同的地方主要为：广义梯度近似认为在分解后的各个体积元的交换-关联能不仅与其局域密度相关，而且与邻近体积元的密度密切关联。

广义梯度近似是在 LDA 的基础上，将 $\rho(r)$ 梯度展开，只考虑电子密度的一级梯度对 $E_{xc}[\rho]$ 的影响，所以交换-关联能有如下形式：

$$E_{xc}[\rho]=\int\rho(r)\mathrm{d}r+\int F_{xc}[\rho(r),\nabla\rho(r)]\mathrm{d}r \quad (2.2.33)$$

其中，F_{xc} 表示与密度梯度有关的能量泛函。在这一近似下得到的常见的交换关联能有两种，分别为：Perdew-Burke-Ernzerhof（PBE）[20] 及 Perdew-Wang（PW91）[25]。相关内容如下：

1. Perdew-Burke-Ernzerhof（PBE）交换-关联泛函[20]

$$\varepsilon_x(\rho)=\int\rho(\boldsymbol{r})\varepsilon_x^{LDA}\rho(\boldsymbol{r})F_x(\rho,\ \xi,\ s)\mathrm{d}\boldsymbol{r} \qquad (2.2.34)$$

其中：$F_x(s)=1+k-\dfrac{k}{1+\mu s^2 k^{-1}}$，$\mu=\dfrac{\beta\pi^2}{3}=0.21951$，$\beta=0.066725$，$k=0.804$。

$$\varepsilon_c=\int\rho(\boldsymbol{r})[\varepsilon_c^{LDA}(\rho,\ \xi)+H(\rho,\ \xi,\ t)]\mathrm{d}\boldsymbol{r} \qquad (2.2.35)$$

其中：$H(\rho,\ \xi,\ t)=\dfrac{e^2\gamma\varphi^3}{a_0}\ln\left[1+\dfrac{\beta\gamma^2(1+At^2)}{t+At^3+A^2t^5}\right]$；$t=\dfrac{|\nabla\rho(\boldsymbol{r})|}{2\varphi k_s\rho}$；$k_s=\left(\dfrac{4k_F}{\pi a_0}\right)^{1/2}$，

$\varphi(\xi)=\dfrac{(1+\xi)^{2/3}+(1-\xi)^{2/3}}{2}$；$\gamma=\dfrac{1-\ln2}{\pi^2}=0.031091$，$A=\dfrac{\beta}{\gamma e^{-a_0\varepsilon^{LDA}(\rho)/(\gamma\varphi^3 e^2)}-\gamma}$；

$\beta=0.066725$。

2. Perdew-Wang 91(PW91) 交换-关联泛函[25]

$$\varepsilon_x=\varepsilon_x^{LDA}\left(\dfrac{1+a_1 s\sinh^{-1}(a_2 s)+(a_3+a_4 e^{-100s^2})s^2}{1+a_1 s\sinh^{-1}(a_2 s)+a_5 s^4}\right) \qquad (2.2.36)$$

其中：$a_1=0.19645$，$a_2=7.7956$，$a_3=0.2743$，$a_4=-0.1508$，$s=|\nabla\rho(\boldsymbol{r})|(2k_F\rho)$
$[k_F=(3\pi^2\rho)^{1/3}]$

$$\varepsilon_c=\varepsilon_c^{LDA}+\rho H(\rho,\ s,\ t) \qquad (2.2.37)$$

其中：$H(\rho,\ \xi,\ t)=\dfrac{\beta}{2\alpha}\ln\left(1+\dfrac{2\alpha}{\beta}\dfrac{t^2+At^4}{1+at^2+A^2t^4}\right)+C_{c0}[C_c(\rho)-C_{c1}]t^2 e^{-100s^2}$，

$\rho\varepsilon_c(\rho)=\varepsilon_c^{LDA}(\rho)$，$A=\dfrac{2\alpha}{\beta(e^{-2\alpha\varepsilon_c(\rho)/\beta^2}-1)}$，$\alpha=0.09$，$\beta=0.0667263212$，$C_{c0}=$

15.7559，$C_{c1}=0.003521$，$t=\dfrac{|\nabla\rho(\boldsymbol{r})|}{2k_s\rho}$，$k_s=\left(\dfrac{4k_F}{\pi}\right)^{1/2}$。

  交换-关联能对于具有较高电子密度且密度不均匀的体系占据非常重要的地位，因而广义梯度近似的非局域性比较适合处理非均匀电子密度体系。通过以上推导可以得知 GGA 对原子交换-关联能进行了极大的提高，尤其是那些质量很轻的元素，得到的最终数值可让人满意。此外，GGA 对于金属键、共价键、氢键及范德华键键能的计算也有极大的优势。

  一般情况下，由于密度梯度项的引入，GGA 比 LDA 在有关体积优化中涉及总能和晶格参数的计算方面精度会提高很多，但同时计算量也大大增加。但是，GGA 在半导体带隙的计算方面，还是没有多大改进，还有就是 GGA 对于价电子电离能的提高作用甚微。当逐渐伸长原子之间的距离，使原胞基矢变大时，则分子内部能就会有很大的减小。还有就是 GGA 对密度梯度项的引入体现了一定程度的随意性，这就会出现太多不同版本的 GGA，而这些 GGA 的评估标准又无法

统一。因此很多学者在计算过程中，会同时引用 GGA 和 LDA 两种近似，通过比较计算得到的结果来选择最恰当的交换-关联近似。

2.3　赝势平面波法(pseudopotential plane waves，PP-PW)

2.3.1　布洛赫(Bloch)定理

固体理论中的晶体有着高度的对称性，而且晶体内部的原子排列也具有一定的周期性。1928 年，菲利克斯·布洛赫在研究固态晶体的导电性时提出了布洛赫定理，简称 Bloch 定理[26]。

当研究的势场存在一定的晶格周期性时，满足：

$$V(r + R_n) = V(r) \tag{2.3.1}$$

其中：r_n 为布拉维网格的所有格矢。

对于单电子，薛定谔方程如下：

$$\hat{H}\Psi(r) = \left[-\frac{h^2}{2m}\nabla^2 + V(r) \right]\Psi(r) = E\Psi(r) \tag{2.3.2}$$

其本征函数是布拉维格子周期性调幅的平面波：

$$\Psi_i(r) = e^{ik\cdot r}u(r) \tag{2.3.3}$$

上式右边是由类波 $e^{ik\cdot r}$ 以及晶胞周期性 $u(r)$ 两部分组成。因此 $u(r)$ 就可以用有限数量的平面波来表示：

$$u(r) = \sum_G c_{iG}e^{iG\cdot r} \tag{2.3.4}$$

其中：G 指倒晶格矢量。由 Bloch 定理可知每个电子平面波可写为平面波之和：

$$\Psi_i(r) = \sum_G c_{i(k+G)}e^{i(k+G)\cdot r} \tag{2.3.5}$$

用晶格平移群表示的基函数应当具有以上描述的性质。鉴于晶格平移对称性的抽象表述，Bloch 定理可以作为求解具有周期势的薛定谔方程的边界条件。

2.3.2　正交平面波法(OPW)

从动量角度观察，晶体波函数具有很大的活动距离。当距离原子核不远时，存在一个深而陡且为负值的原子核势，电子动量较大，波函数振荡很快，当距离原子核较远时，电子有效地屏蔽了原子核势，势能浅而平坦，电子的动量较小。所以，波函数的平面波需要很多项才能展开，这样就会致使平面波的展开收敛慢很多。Herring 等人[27,28]通过模拟计算预测，得出几乎要求扩展 10^{16} 个平面波，波函数方能收敛至基态，并提出用正交化平面波方法(orthogonal plane wave，

OPW)来解决这一问题。这其中的核心思路有：动量较小的平面波以及靠近原子核的具有大动量的波函数共同存在于波函数的基组中，且与孤立原子芯波函数形成了布洛赫波正交，这种波函数称为正交化平面波。

若 $|\varphi_c(\pmb{k}，\pmb{r})\rangle$ 为内层电子波函数，且等于各个孤立的原子芯波函数 $\varphi_c(\pmb{r})$ 之和，即

$$|\varphi_c(\pmb{k}，\pmb{r})\rangle = \frac{1}{N}\sum_R \exp(i\pmb{k}\cdot\pmb{r})\varphi_c(\pmb{r}-\pmb{R}) \qquad (2.3.6)$$

先假设 $|\varphi_c(\pmb{k}，\pmb{r})\rangle$ 为晶体哈密顿算符的本征函数，因而有：

$$\hat{H}|\varphi_c(\pmb{k}，\pmb{r})\rangle = E_c(\pmb{k})|\varphi_c(\pmb{k}，\pmb{r})\rangle \qquad (2.3.7)$$

其次，定义正交化平面波：

$$|\chi_{k+G}\rangle = |\pmb{k}+\pmb{G}\rangle - \sum_c |\varphi_c(\pmb{k}，\pmb{r})\rangle\langle\varphi_c(\pmb{k}，\pmb{r})||\pmb{k}+\pmb{G}\rangle \qquad (2.3.8)$$

其中：$|\pmb{k}+\pmb{G}\rangle$ 表示平面波，上式倒数第一项对应于全部内层电子态的投影。该投影满足与 $\varphi_c(\pmb{k}，\pmb{r})$ 正交，即 $\langle\varphi_c(\pmb{k}，\pmb{r})|\chi_{k+G}\rangle = 0$。

因此，晶体波函数可用正交化平面波表示为

$$|\varphi_k\rangle = \sum_G c_G(\pmb{k})|\chi_{k+G}\rangle \qquad (2.3.9)$$

将以上函数代入单电子薛定谔方程，左乘 $\langle\chi_{k+G}|$，接着对整个空间积分，令得到的一组线性方程的系数行列式等于零，即

$$\det|\langle\chi_{k+G'}|\hat{H}|\chi_{k+G}\rangle - E_k\langle\chi_{k+G'}|\chi_{k-G'}\rangle| = 0 \qquad (2.3.10)$$

因此，

$$\begin{aligned}\langle\chi_{k+G}|\hat{H}|\chi_{k+G}\rangle = {}& (\pmb{k}+\pmb{G})^2\delta_{GG'} + V(\pmb{G}-\pmb{G}') \\ & - \sum_c \langle\pmb{k}+\pmb{G}'|\varphi_c(\pmb{k}，\pmb{r})\rangle\langle\varphi_c(\pmb{k}，\pmb{r})|\pmb{k}+\pmb{G}\rangle E_c(\pmb{k})\end{aligned}$$

$$(2.3.11)$$

$$\langle\chi_{k+G'}|\chi_{k+G}\rangle = \delta_{GG'} - \sum_c \langle\pmb{k}+\pmb{G}'|\varphi_c(\pmb{k}，\pmb{r})\rangle\langle\varphi_c(\pmb{k}，\pmb{r})|\pmb{k}+\pmb{G}\rangle$$

$$(2.3.12)$$

实际上，公式(2.3.11)中右边第二项为正值，但由于势 $V(\pmb{G}-\pmb{G}')$ 与正交化项抵消，因而只需较少的正交化平面波即可得到满意的结果。

由于公式推导中的芯态波函数 $|\varphi_c(\pmb{k}，\pmb{r})\rangle$ 在实质上并不是体系哈密顿量的本征态，因而必定会产生一定的能量误差。为了减小这个误差，假设存在一个与芯态波函数正交的函数。对于价态波函数来说，这样的假设实质上就等同于构造了一个排斥势，但其最终并不会存在，这是由于芯区势能对价电子具有非常大的作用力而被中和了，这样收敛速度就得到很大的提高。下面我们将详细讲解这一函数。

2.3.3　基组和赝势

在实际计算中，需要把 KS 方程中的波函数 φ_i 展开，这个展开的基函数便称为基组。选取合适的基函数对后续的计算非常重要。一般来说，一个物理量的展开需要用到无数个基函数，然而在实际计算中，我们只能选取有限的基函数。为了有效地减小基函数带来的误差，计算前需认真选取合适的基组。平面波基组作为自由电子气的本征函数，是最简单的正交完备函数基。选择这种基组进行快速傅里叶变换可以实现在实空间和倒空间的转换。另外，通过增加截断能还可以改善函数集的性质。由于用空间均匀的平面波展开具有一定局域性的电子轨道时，需要数目十分庞大的平面波基组，这就使得计算过程非常复杂而缓慢，而赝势正是在此基础上发展起来的。

KS 方程中的有效势所对应的外势作用主要指原子核的作用。我们知道，电子有内层电子和外层价电子，内层电子又被称为芯电子。芯电子被牢固地束缚在原子核附近，其对应的波函数自然也就被局域在原子核邻近的区域内，而这种局域的波函数需要大量的且截断动能很高的平面波才能展开。另外，为了与低能级的芯电子保持正交，原子核核外价电子的波函数会大幅振荡，进而产生了很大的动能，这样体系波函数在平面波函数周围就存在很强的定域性，并且需要数百个平面波才能展开，所以大大降低了收敛速度[见图 2.1(a)]。然而，原子核附近的势能会抵消原子核外价电子产生的很大一部分动能。在离子实内用假设的势能来代替真实存在的势能，这样就使得离子实内的波函数变得平坦，从而大大减少了平面波基组的个数，加快了收敛速度。这种方法就是赝势方法。

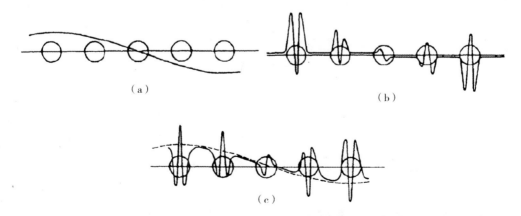

图 2.1　(a)平面波；(b)芯电子波函数；(c)相互正交的价电子与芯电子的波函数

考虑到价电子对元素性质的重要影响，这里选择将内层电子与原子核的效应合并起来，这样以后就仅仅只是考虑离子实和价电子两部分。以 r_c 为界线，将离子实分为内区和外区，分别对应芯态和价态，因此 r_c 又可称为截断距离。在 r_c 以内的芯态，波函数可加以改造，而 r_c 之外的价态所对应的波函数就必须维持之前的样子。现在将经过改造的芯态波函数与原封不动的、没经过优化修改的价态波函数放在一起，就形成了一个全新的原子赝波函数。与之前变化巨大的波函数相比，新的波函数变化十分缓慢。这种改变使得计算所需的截断能、平面波基组数及计算总量大幅度缩小，如图 2.1(c) 所示。以下内容将介绍两种经典的赝势方法：模守恒赝势及超软赝势。

2.3.3.1　模守恒赝势

在研究固体电子学的过程中，学者 Hamann[29] 联想到了局域密度近似的一种思路，正是基于之前的非经验赝势法，模守恒赝势诞生了。其基本思想是，在给定交换相关模型的前提下对孤立原子构造一个等效势，然后对单电子方程进行详细分析，进而可以推导得出一组赝波函数 φ_{ps} 及本征值；紧接着必须在满足完全一样的交换相关条件下去进一步分析对应的全电子方程；最后通过变换势能函数 U 使得第二步计算完成后获得的两组本征值一致。在芯区内，这种赝势相应的波函数与真实波函数具有一样的电荷密度、形状及振幅，即为模守恒。将赝波函数代入薛定谔方程可得相应的模守恒赝势 U_{ps}。由于这种方法能够给出相对满意的电荷密度，因此适合自洽计算。由图 2.2 可知，构造赝势后，芯区的波函数变得相对平滑，但其电荷密度分布并没有发生改变。

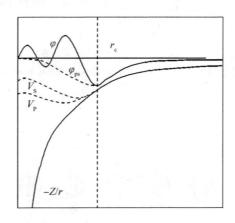

图 2.2　全电子波函数与对应势、赝波函数与对应赝势

模守恒赝势在第一性原理中可分为局域和非局域两部分，即

$$V_{\mathrm{ps}} = \sum_v V_{\mathrm{loc}}(\boldsymbol{r} - \boldsymbol{R}_v) + \sum_v V_{\mathrm{NL}}(\boldsymbol{r} - \boldsymbol{R}_v, \ \boldsymbol{r}' - \boldsymbol{R}_v)V \qquad (2.3.13)$$

上式求和号下的 v 表示对离子实求和。由于原子的球对称性，非局域部分可以用球谐函数来表示：

$$V_{\mathrm{NL}}(\boldsymbol{r}, \ \boldsymbol{r}') = \sum_{l, m} \mathrm{Y}_{lm}^*(\theta', \ \varphi') \mathrm{Y}_{lm}(\theta, \ \varphi)V_l(\boldsymbol{r}, \ \boldsymbol{r}') = \sum^{l, m} \mid lm \rangle \langle lm \mid V_l(\boldsymbol{r}, \ \boldsymbol{r}')$$

$$(2.3.14)$$

若将取为半局域形式，即径向是局域的，角部分则是非局域的，则

$$V_l(\boldsymbol{r}, \ \boldsymbol{r}') = V_l(\boldsymbol{r})\delta(\boldsymbol{r}, \ \boldsymbol{r}') \qquad (2.3.15)$$

现定义角动量 l 的投影算符为 $p_1 = \sum_m \mid lm \rangle \langle lm \mid$，则半局域的原子赝势为：

$$V_{\mathrm{ps}} = \sum_v V_{\mathrm{loc}}(\boldsymbol{r} - \boldsymbol{R}_v) + \sum_{v, l} V_l(\boldsymbol{r} - \boldsymbol{R}_v)p_l \qquad (2.3.16)$$

为简化公式，Kleinman 和 Bylander[30] 近似处理了以上公式中的半局域赝势，具体可表示为：

$$V_{NL}(\boldsymbol{r}, \ \boldsymbol{r}') = \sum_{l, m} \frac{\mid V_l \lambda_m \rangle \langle V_l \lambda_m \mid}{\langle V_l \mid \lambda_m \mid V_l \rangle} \qquad (2.3.17)$$

另外，在应用赝势时经常会考虑到硬度这一概念。总能量 E_{tot} 对平面波截断能 E_{cut} 的收敛性是非常重要的，必须提及的是，这一数值的大小会影响赝势的硬度。当系统总能量固定后，E_{cut} 的值越大表示赝势越"硬"，反之则越"软"。模守恒赝势在 LDA 情况下，可以用平面波基精确而有效地计算物质的固态性质，并且移植性非常好。虽然模守恒赝势形式较简单，方便计算任何晶体的能带，但是其硬度较大，通常需要展开较多的平面波数量，计算量比较大。尤其是对于第 I 族元素和过渡金属，模守恒赝势的应用受到了很大的限制。模守恒赝势之后，又发展出 Kerker、TM 赝势和 Optimised 赝势，这些方法都使得计算的结果越来越好，而计算所需求的平面波基数也不断下降。以上新的方法可使模守恒型赝势不是很"硬"，但不可忽视的是，在实际过程中模守恒条件在某些角度局限了节省计算的程度，毕竟计算量的大小主要还是取决于所计算的原子种类。

2.3.3.2　超软赝势

1990 年，Vanderbilt[31] 提出了超软赝势，它的特点是多粒子体系所对应的波函数相当平滑，所以说在数量上仅仅需要不多的平面波基底数即可展开；而芯态内的赝波函数越平滑，所需截断能就越少。虽然超软赝势不再要求截断半径 r_c 以内提供的电子密度等于真实的数值，但必须要求由计算完成后获得的电荷密度一定得在芯区距离区间增加另外其他的数值，并补充由于局域化而忽略的电子云，最后达到归一化模守恒条件。所以，赝势计算过程中的电子密度包括扩展至整个

晶胞的电子密度及局域于核心区域自旋部分的电子密度。在超软赝势中，非定域的原子赝势为

$$V_{\mathrm{NL}} = \sum_{nm,I} D_{nm}^{(0)} \mid \beta_n^I \rangle \langle \beta_m^I \mid \qquad (2.3.18)$$

其中：投影算符 β 指赝势；$D^{(0)}$ 指原子种类，I 指原子位置。

为了对体系的电子密度进行详细分解，就需要处理根据一定距离区域内的波函数平方得到的电荷密度。方法就是在前面的基础上增加另外的数值，因而体系的电子密度用总能量可以写成以下公式：

$$\rho(\boldsymbol{r}) = \sum_i \left[\varphi_i(\boldsymbol{r}) \mid^2 + \sum_{nm,I} Q_{nm}^{(I)}(\boldsymbol{r}) \langle \varphi_i \mid \beta_n^I \rangle \langle \beta_m^I \mid \varphi_i \rangle \right] \qquad (2.3.19)$$

以上公式右边分别为整个单位晶胞的平滑部分及核心区域的自旋部分。其中另外增加的新的内容仅包含在以上公式中，在波函数中不会存在。

因此，在采用这一方法后，Kohn-Sham 方程可写为

$$\begin{cases} \hat{H} \mid \varphi_i \rangle = \varepsilon_i \hat{S} \mid \varphi_i \rangle \\ \langle \varphi_i \mid \hat{H} \mid \varphi_i \rangle = \delta_{ij} \\ \hat{H} = \hat{T} + \hat{V}_{eff} + \sum_{nm,I} \hat{D}_{mn}^I \mid \beta_n^I \rangle \langle \beta_m^I \mid \\ \hat{D}_{nm}^I = \hat{D}_{nm}^0 + \int \mathrm{d}r \hat{V}_{\mathrm{eff}}(r) Q_{nm}^I(r) \end{cases} \qquad (2.3.20)$$

在研究过程中，对于浅的内层电子态的情况，以上方法仅是把计算过程中涉及的角动量通道看成价电子来对待，因此也就提高了计算量，不过这也同时大幅度地提升了赝势的转换性和精确性。与前面提到的模守恒赝势比较可以发现，新的方法中存在着重叠算符 S，且波函数与 D 有关联。然而，正是由于超软赝势突破了模守恒赝势的限制，使得需要较少的平面波基底即可加快收敛速度，并且大大提高了计算精度。超软赝势平面波法尤其适用于过渡金属和第 I 族元素原子。在固体能带计算领域里，此方法已成为至今最为成熟、应用最为广泛的方法之一。

2.4 Muffin-tin 势平面波法

2.4.1 Muffin-tin 势

我们知道，在固体中靠近原子核位置的电子，其行为与自由原子非常接近，因此用原子波函数来展开对应的晶体波函数是最好的选择；然而，在同时考虑到远离原子核位置的电子时，平面波法则是更好的近似。Slater[32] 提出的 Muffin-tin 球，其核心思想为：电子在物质系统内的活动范围可分为以原子核为中心，半径为 **R** 的球形区域及球外区域。我们可以把内部的活动范围空间叫作 Muffin-tin 球区，球外区域则叫作间隙区，这里一般要求球与球之间不重合。通过以上说明可以得出：芯态电子波函数全部在 Muffin-tin 球内，而价态电子可拓展到球外间隙区。考虑到空间形状的特殊性，在数值设置上可以巧妙地在球内取球对称势，球外取常数势。一般情况下，我们需要先尝试改变能量零点使常数势为零，此势场模型即为 Muffin—tin 势[32]。

$$V(\boldsymbol{r}) = \begin{cases} V(r)(r < R_{\mathrm{m}}) \\ 0(r \geqslant R_{\mathrm{m}}) \end{cases} \qquad (2.4.1)$$

Muffin-tin 势的选取比较灵活，对 Muffin-tin 球影响最大的势场是原点原子势场，还有周围邻近原子以及次近邻或更远的原子对该球势场的影响，当然这些影响随距离的递增是不断下降的。Mattheiss[33] 指出：在中心原子势场上加上邻近的原子势场，则在以中心原子为原点的球谐函数的展开项中，若仅选首项，就为球形近似；若多取了其他的展开项，则会抵消其他形状的近似。这种思路现在已被广泛应用到了能带计算中，并且取得了很好的结果，尤其适用于金属体系。若考虑上间隙区电子对 Muffin-tin 球内势场的改变，再结合非 Muffin-tin 效应及忽略的形状近似，就变成了全势方法。

2.4.2 缀加平面波

通过 2.4.1 节的学习，在选取了适当的 Muffin-tin 势后，就以使用缀加平面波（APW）法。在球形区域，KS 方程的解有如下形式：

$$\varphi_{lm}(\boldsymbol{\rho}) = \mathrm{Y}_{lm}(\hat{\rho}) R_l(E, \rho) \qquad (2.4.2)$$

其中，**ρ** 表示 Muffin-tin 球形矢径；Y_{lm} 是球谐函数；R_l 是径向波函数，满足以下公式：

$$-\frac{1}{\rho^2} \frac{\mathrm{d}}{\mathrm{d}\rho}\left(\rho^2 \frac{dR_l}{d\rho}\right) + \left[\frac{l(l+1)}{\rho^2} + V_v(\rho)\right] R_l(E', \rho) = E' R_l(E', \rho) \qquad (2.4.3)$$

其中：V 表示球对称势；l 为角量子数。

在第 v 个球内，APW 函数可表示成以上波函数的线性组合：

$$\varphi_v(\boldsymbol{\rho}) = \sum_{l=0}^{\infty} \sum_{m=-l}^{l} a_{lm} \mathrm{Y}_{lm}(\hat{\rho}) R_l(E, \rho) \qquad (2.4.4)$$

其中：a_{lm} 是线性组合的系数。

由于球外的势场为零，因此方程的解是平面波的形式，设球心位矢为 $\boldsymbol{r}_v$，则在第 v 个球外有：

$$r = r_v + \rho \qquad (2.4.5)$$

$$\mathrm{e}^{i\boldsymbol{k}\cdot\boldsymbol{r}} = \mathrm{e}^{i\boldsymbol{k}\cdot\boldsymbol{r}_v}\,\mathrm{e}^{i\boldsymbol{k}\cdot\boldsymbol{\rho}} \qquad (2.4.6)$$

其中：$\mathrm{e}^{i\boldsymbol{k}\cdot\boldsymbol{\rho}}$ 可以展开为以下球谐函数：

$$\mathrm{e}^{i\boldsymbol{k}\cdot\boldsymbol{\rho}} = 4\pi \sum_{l=0}^{\infty}\sum_{m=-l}^{+l} i^l j_l(k\rho) Y_{lm}^*(\hat{k}) Y_{lm}(\hat{\rho}) \qquad (2.4.7)$$

其中，$j_l(k\rho)$ 为球贝塞尔函数。

根据球面上波函数的连续性，可以求出系数 a_{lm}：

$$a_{lm} = 4\pi e^{i\boldsymbol{k}\cdot\boldsymbol{r}_v} i^l Y_{lm}^*(\hat{k}) j_l(k\rho) / R_l(E',\ \rho_v) \qquad (2.4.8)$$

将 a_{lm} 系数代入 APW 的基函数便可求得其基组形式：

$$\varphi_v(\boldsymbol{\rho}) = \begin{cases} \displaystyle\sum_{l=0}^{\infty}\sum_{m=-l}^{l} a_{lm} Y_{lm}(\hat{\rho}) R_l(E,\ \rho) & (\rho \leqslant \rho_v) \\[2mm] \mathrm{e}^{i\boldsymbol{k}\cdot\boldsymbol{\rho}} & (\rho > \rho_v) \end{cases} \qquad (2.4.9)$$

由公式（2.4.9）可以得出，公式中对角量子数 l 进行了无限大的叠加，但在实际情况中只需叠加到一定程度（10 或 12）。这样，晶体波函数即可用以上基函数展开：

$$\varphi(\boldsymbol{k},\ \boldsymbol{r}) = \sum_{i=1}^{M} c_i \varphi_v(\boldsymbol{k},\ \boldsymbol{r}) \qquad (2.4.10)$$

其中：c_i 为展开系数。

由以上公式可知，基函数以及系数 a_{lm} 都与能量 E' 有关，而 E' 是径向薛定谔方程的本征能量。在通常情况下，针对单个存在的一个原子，就可以考虑到自由边界条件，即若是在距离非常大的地方，那么波函数就可看作等于 0，进而得到 E' 及与其一致的本征波函数；但是当我们研究的对象是多粒子体系，如固体时，那就仅仅需要随意地选择一个假想的能量 E，然后求其径向波函数。尽管这一函数在这里并不存在其他方面更深的物理含义，但仍可用作基函数。然而，因为考虑到过程中涉及的基矢与能量 E 互相关联，所以在计算初始时需要先预定存在一个 E，当计算得到的能量本征值与预定的能量 E 值几乎相等时，就可以获得相对完美的结果。这就需要对每一个能量本征值做搜索工作，工作量非常大，因而 Anderson[34] 提出了新的方法。

2.4.3　线性缀加平面波

这种方法非常容易理解，概括起来讲，就是将 E_0 对应的径向波函数进行泰勒展开，进而得到 E_0 相邻的其他能量点的波函数，这样就不必反复重复前面的计算过程。

换个角度来讲，以上方法实质上是对 APW 基函数外加了一个对能量求导的项。这一做法与以前的思路大相径庭，这样薛定谔方程的解就是待定的能量参数而不是能量本征值的函数，这就是线性缀加平面波方法（LAPW），其展开形式为

$$R_l(E+\delta)=R_l(E)+\delta\dot{R}_l(E)+\cdots \tag{2.4.11}$$

根据上述展开式，将公式（2.4.9）中的球形区域增加一项对能量的导数项，就得到了新的基函数：

$$\varphi_v(\boldsymbol{\rho})=\begin{cases}\sum\limits_{lm}[a_{lm}R_l(E,\rho)+b_{lm}r_l(E)]Y_{lm}(\hat{\rho}) & (\rho\leqslant\rho_v)\\ e^{ik\cdot\boldsymbol{\rho}} & (\rho>\rho_v)\end{cases} \tag{2.4.12}$$

以上公式就是线性缀加平面波基函数，与 APW 基函数最大的不同点是，第一个公式中的 R_l 是一个需要人为决定并输入的数值，相当于能量 E。不同分波 l 对应不同的能量 E，但在一般情况下，最好是取分波能带中心附近的能量值，因为这样才会最大限度地减小线性化的误差。

R_l 的导数项的增加会伴随一个待定系数 b_{lm} 的出现，根据基函数在球面上连续以及其导数也连续的条件可以得到这两个系数：

$$a_{lm}=4\pi\Omega_c^{-1/2}\rho_v^2 i^l\left[j_l'(k\rho_v)\dot{R}_l(E_l,\rho_v)-j_l(k\rho_v)\dot{R}_l'(E_l,\rho_v)\right]Y_{lm}^*(\hat{k}) \tag{2.4.13}$$

$$b_{lm}=4\pi\Omega_c^{-1/2}\rho_v^2 i^l\left[j_l(k\rho_v)\dot{R}_l(E_l,\rho_v)-j_l'(k\rho_v)R_l(E_l,\rho_v)\right]Y_{lm}^*(\hat{k}) \tag{2.4.14}$$

与其他方法相比，LAPW 基函数在计算过程中主要有以下方面的优点：一是自动满足了导数连续，二是消除了使分母为零的因子，同时也避免了久期方程可能出现的奇异性。

在凝聚态的性质分析中，尤其是在晶体材料的能带计算方面，LAPW 得到了广大科研工作者的肯定。它被应用到多种计算程序中，如常见的程序 WIEN2k。另外，在芯电子的性质分析方面，LAPW 能够给出与实验值高度一致的结果，但其劣势在于繁琐的方程，这就导致运行速度过于缓慢，这样便发展出了投影缀加波法。

2.4.4 投影缀加波法

1994 年，Blochl[35] 提出了投影缀加波（PAW）方法。这种方法提取了前面所述思路的优势，因此更容易被大众接受。另外，从 PAW 出发，可以推出赝势方法以及 APW 方法。

PAW 方法的核心思想是构建一个形变算符，然后将原本变化巨大的全电子分波函数转换成变化微小的赝波函数，如下：

$$|\Psi_n\rangle=\hat{\Gamma}|\widetilde{\Psi}_n\rangle \tag{2.4.15}$$

其中：n 包含 k 点指标、自旋指标及能带指标。将公式（2.4.15）代入 KS 方程，就得到关于赝波函数的方程：

$$\hat{\Gamma}^{\dagger} H \hat{\Gamma} \mid \widetilde{\Psi}_n \rangle = E_n \hat{\Gamma}^{\dagger} \hat{\Gamma} \mid \widetilde{\Psi}_n \rangle \qquad (2.4.16)$$

通过选取适当的 $\hat{\Gamma}$ 算符，使得赝波函数尽量平滑。由于远核区域的波函数已经较为平滑，所以 $\hat{\Gamma}$ 只需要改变近核区域的波函数：

$$\hat{\Gamma} = 1 + \sum_a \hat{\Gamma}^a \qquad (\mid r - R^a \mid < r_c^a) \qquad (2.4.17)$$

其中：a 指原子指标；$\hat{\Gamma}^a$ 算符只在以原子 a 为中心，半径为 r_c 的范围内起作用。该思想与 APW 中的 Muffin-tin 球类似。这样真实轨道与赝轨道就建立了如下联系：

$$\mid \varphi_i^a \rangle = (1 + \hat{\Gamma}^a) \mid \widetilde{\varphi}_i^a \rangle \qquad (2.4.18)$$

即

$$\hat{\Gamma}^a \mid \hat{\varphi}_i^a \rangle = \mid \varphi_i^a \rangle - \mid \hat{\varphi}_i^a \rangle \qquad (2.4.19)$$

在球外，两个轨道波函数是一样的，因此有：

$$\varphi_i^a(r) = \hat{\varphi}_i^a(r) \qquad (r > r_c^a) \qquad (2.4.20)$$

在球内，赝波函数用以上赝轨道展开为

$$\mid \widetilde{\Psi}_n \rangle = \sum p_{ni}^a \mid \hat{\varphi}_i^a \rangle \qquad (\mid r - R^a \mid < r_c^a) \qquad (2.4.21)$$

其中：p 指系数，由于 $\mid \varphi_i^a \rangle = \hat{\Gamma} \mid \hat{\varphi}_i^a \rangle$，因此，

$$\mid \Psi_n \rangle = \hat{\Gamma} \mid \widetilde{\Psi}_n \rangle = \sum p_{ni}^a \mid \varphi_i^a \rangle \qquad (\mid r - R^a \mid < r_c^a) \qquad (2.4.22)$$

这里的展开系数与前面赝波函数的展开系数是一样的。

由于 $\hat{\Gamma}$ 是满足线性条件的，因此其展开系数也必然是波函数的线性函数：

$$p_{ni}^a = \langle \widetilde{p}_i^a \mid \widetilde{\Psi}_n \rangle = \int dr \widetilde{p}_i^{a*}(r - R^a) \widetilde{\Psi}_n(r) \qquad (2.4.23)$$

这里 p 称为投影函数，对于每个轨道都有一个投影函数。投影函数需满足以下两个条件：

$$\mid \hat{\varphi}_i^a \rangle \langle \widetilde{p}_i^a \mid = 1 \qquad (2.4.24)$$

$$\begin{cases} \langle \widetilde{p}_{i1}^a \mid \hat{\varphi}_{i2}^a \rangle = \delta_{i1, i2} \qquad (\mid r - R^a \mid < r_c^a) \\ \widetilde{p}_i^a(r) = 0 \qquad\qquad (r > r_c^a) \end{cases} \qquad (2.4.25)$$

根据第一个条件，$\hat{\Gamma}^a$ 可写为

$$\hat{\Gamma}^a = \sum \hat{\Gamma}^a \mid \hat{\varphi}_i^a \rangle \langle \widetilde{p}_i^a \mid \qquad (2.4.26)$$

结合公式（2.4.19）与（2.4.17），可得：

$$\hat{\Gamma}^a = \sum \hat{\Gamma}^a \mid \hat{\varphi}_i^a \rangle \langle \widetilde{p}_i^a \mid \mid = \sum_i (\mid \varphi_i^a \rangle - \mid \hat{\varphi}_i^a \rangle) \langle \widetilde{p}_i^a \mid \qquad (2.4.27)$$

$$\hat{\Gamma} = 1 + \sum_a \sum_i (|\varphi_i^a\rangle - |\hat{\varphi}_i^a\rangle)\langle \widetilde{p}_i^a| \qquad (2.4.28)$$

最后，KS 真实波函数可表示为

$$\Psi_n(r) = \widetilde{\Psi}_n(r) + \sum_a \sum_i (|\varphi_i^a(r)\rangle - |\hat{\varphi}_i^a(r)\rangle)\langle \widetilde{p}_i^a|\widetilde{\Psi}_n\rangle \qquad (2.4.29)$$

其中，第一项为赝波函数，第二项包含了真实的、赝的原子轨道及投影函数，是对赝波函数的补偿。由于赝波函数变化比较微小，因此在这里采取小部分平面波即可展开，并可通过求解以下薛定谔方程得到：

$$\hat{\Gamma}^{\dagger}\hat{H}\hat{\Gamma}|\widetilde{\Psi}_n\rangle = E_n\hat{\Gamma}^{\dagger}\hat{\Gamma}|\widetilde{\Psi}_n\rangle \qquad (2.4.30)$$

PAW 结合了赝势平面波法的优点，并且产生的基组更简单、更容易。虽然芯电子被冻结，但能够得到真正的价电子波函数，因此是一种全电子的方法，尤其对镧系元素、碱金属及磁性材料等的磁性及光学性质的计算比较精确。

2.5 结构优化和 *K* 点取样

2.5.1 Hellmann-Feynman 定理

设离子实坐标位置为 R_I，作用在其上的力为 F_I。通过总能对离子实位置的求导便可得到离子实的受力，公式如下：

$$F_I = -\frac{\partial E}{\partial R_I} \qquad (2.5.1)$$

其中，E 为总哈密顿量的能量本征值，并且满足 KS 方程 $H|\varphi_i\rangle = E|\varphi_i\rangle$，因此有：

$$E = \langle \varphi_i|\hat{H}|\varphi_i\rangle \qquad (2.5.2)$$

将上式代入离子实的受力公式，可得：

$$F_I = -E\frac{\partial \langle \varphi_i|\varphi_i\rangle}{\partial R_I} - \langle \varphi_i|\frac{\partial \hat{H}}{\partial R_I}|\varphi_i\rangle \qquad (2.5.3)$$

由于以上公式中的体系粒子波函数是正交归一的，因此公式中的第一项等于零，这样作用在离子实上的力 F_I 就为

$$F_I = -\langle \varphi_i|\frac{\partial \hat{H}}{\partial R_I}|\varphi_i\rangle \qquad (2.5.4)$$

以上就是 Hellmann-Feynman 力，又称为 Hellmann-Feynman 定理。该定理表明了原子受力与粒子波函数之间的关系，其误差与波函数误差的一级修正量紧密相连，且仅在波函数与真实波函数几乎相等时，才会得到最后想要的力。另外，在运行过程中，我们必须时刻关注离子弛豫与电荷密度的自洽。当离子受力

到达下一个原子位置时，电子达到瞬间基态并在新的位置和电荷密度下进行自洽计算，直到总能达到局部最小值停止。

2.5.2　自洽计算及结构优化

在理论模拟计算中是通过自洽迭代求解 KS 方程的。具体迭代步骤如下：

（1）初始化波函数：设想将晶体结构的最小单位不断切割，最后成为非常小的网格点，然后选择任意生成的方法来确定体系的初始波函数 $\varphi_{i,0}(\boldsymbol{r})$。

（2）确定电子密度 $\rho_0(\boldsymbol{r})$：由初始波函数即可求得；

（3）求解有效势 $V_{KS}[\rho_0(\boldsymbol{r})]$ 下的体系波函数 $\varphi_{i,1}(\boldsymbol{r})$：算出网格上 Kohn-Sham 势 $V_{KS}[\rho_0(\boldsymbol{r})]$，将 $\rho_0(\boldsymbol{r})$ 代入有效势，通过求解 KS 方程即可得对应的体系波函数 $\varphi_{i,1}(\boldsymbol{r})$；

（4）得出新的电子密度 $\rho_1(\boldsymbol{r})$：由波函数 $\varphi_{i,1}(\boldsymbol{r})$ 便可推导出 $\rho_1(\boldsymbol{r})$；

（5）构造有效势 $V_{KS}[\rho_1(\boldsymbol{r})]$：通常电子密度 $\rho_1(\boldsymbol{r})$ 与 $\rho_0(\boldsymbol{r})$ 并不相等，将 $\rho_1(\boldsymbol{r})$ 代入公式即可得有效势 $V_{KS}[\rho_1(\boldsymbol{r})]$；

（6）求解有效势 $V_{KS}[\rho_1(\boldsymbol{r})]$ 下的体系波函数 $\varphi_{i,2}(\boldsymbol{r})$：将修正过的势代入 KS 方程得到体系波函数 $\varphi_{i,2}(\boldsymbol{r})$。

（7）同样的方法，不断循环迭代，直至电子密度 $\rho_n(\boldsymbol{r})$ 收敛于设定的密度值 $\rho_f(\boldsymbol{r})$，这时迭代停止，最后迭代出的电子密度值 $\rho_f(\boldsymbol{r})$ 便是体系的基态电子密度。

对于给定晶体原胞结构和各个原子坐标的体系，根据基态的电子密度便可计算得到整个体系的总能；再通过总能对体系的微位移求导得到各个原子的受力；再据原子受力调整原子位置，最后体系的能量会降到最小，这就是离子驰豫，也称为结构优化。通过这一步骤，我们最终就会获得晶体的最稳定结构。

2.5.3　K 点取样

基于 Bloch 定理，将固体作为理想晶体，可简化对固体模型的研究。因此，KS 方程中的有效势 $V(\boldsymbol{r})$ 便具有了周期性，是一个有关晶格矢 $\boldsymbol{r}_n$ 的周期函数：

$$V_{KS}(\boldsymbol{r}+\boldsymbol{R}_n)=V_{KS}(\boldsymbol{r}) \tag{2.5.5}$$

因而对应薛定谔方程的解具有如下性质：

$$\varphi(\boldsymbol{r}+\boldsymbol{R}_n)=e^{i\boldsymbol{k}\cdot\boldsymbol{r}_n}\varphi(\boldsymbol{r}) \tag{2.5.6}$$

其中 k 为波矢。上式表明，当晶格平移 $\boldsymbol{r}_n$ 时，体系的波函数增加了一个相位因子 $e^{i\boldsymbol{k}\cdot\boldsymbol{r}_n}$，将以上公式两边同时乘以 $e^{-i\boldsymbol{k}\cdot(\boldsymbol{r}+\boldsymbol{r}_n)}$，可得：

$$\varphi_k(\boldsymbol{r})=e^{i\boldsymbol{k}\cdot\boldsymbol{r}}u_k(\boldsymbol{r}) \tag{2.5.7}$$

其中：

$$u_k(\boldsymbol{r}) = e^{-ik \cdot r} \varphi(\boldsymbol{r}) \tag{2.5.8}$$

以上就是 Bloch 波函数。下面我们引入倒格矢 $\boldsymbol{G}$，并知其与正格矢 $\boldsymbol{r}$ 满足关系 $\boldsymbol{G} \cdot \boldsymbol{R} = 2\pi m$，$m$ 为任意整数。这样，具有周期性的波函数 $u_k(\boldsymbol{r})$ 使可用平面波展开为

$$u_k(\boldsymbol{r}) = \sum_G c_k \, e^{iG \cdot r} \tag{2.5.9}$$

据周期性边界条件，有[14]：

$$\varphi_k(\boldsymbol{r}) = \sum_G c_{k,\,G} \, e^{i(k+G) \cdot r} \tag{2.5.10}$$

这样就可以根据 K 点求解单个粒子的 KS 方程：

$$\left[-\frac{\hbar^2}{2m} \nabla^2 + V_{KS}(\boldsymbol{r}) \right] \varphi_{nk}(\boldsymbol{r}) = E_{nk} \varphi_{nk}(\boldsymbol{r}) \tag{2.5.11}$$

由于相邻 K 点的波函数非常接近，因此，当我们随意获得一定范围的任何一个值都可以表示成其他点的波函数。由于空间群和点群对称性的存在，只需要少数 K 点便可得到体系的基态能量。当然，在总能计算时，K 点的选取会带来一定的误差，但只要 K 点网格足够大（也就是 K 点足够多），这个误差就可完全消除。目前，有很多在布里渊区选取 K 点的方法。选取 K 点后，就可得到体系的总能和势能。通常情况下，K 点的选取是限定在第一布里渊区的，其基本思想是将在布里渊区内对连续 K 点的积分转化成对 K 点网格的求和，即：

$$\frac{\Omega}{(2\pi)^3} \int_V d\boldsymbol{k} f(\boldsymbol{k}) \sim \sum_i f(\boldsymbol{k}_i) w_i \tag{2.5.12}$$

其中，w_i 表示 $\boldsymbol{k}_i$ 的权重。在平面波计算时，等权重均匀选取一定数量的 K，这种在第一布里渊区内选取 K 点的方法被称为 Monkhorst-Pack 方法[36]。考虑到体系对称性的存在，在真实运算时通常会将第一布里渊区不断割开，直至成为一系列完全一致的"不可约空间"，正是在这些范围内进行着所谓的自洽计算。

第三章　晶体的热力学性质

　　前面我们阐述了理论计算涉及的概念及方法。从第三章开始，将会详细阐述前面理论的具体应用。众所周知，热力学是与能量有关的一门科学，其具体研究和分析了物质各种能量或参数之间的关联及意义。在实际生活应用中；工业制造生产中以及科技产品开发中均离不开这一内容。简而言之，工程热力学是热力学在工程上的具体应用。一般来说，热力学采取两种不同的方法来处理研究目标：一是用宏观的方法，即"经典热力学"；二是用微观的方法，即"统计热力学"。

　　在经典热力学中，我们研究的物体是宏观存在的整体。在研究过程中，我们会忽略掉其微观的内部构成，不涉及组成物体的各个粒子的性质及其相互作用，不要求对物质原子规模的详细结构做出假设。因此，它的一般规律不会随着对物质性质的新认识而有所改变，具有普遍性。它所关心的是总的、全局的效果。宏观方法基于人们的经验，它的少数可测量都直接或者间接地处于人们的感觉中。经典热力学的一切结论都是在不断实践、观测、对比以及验证的前提下获得的，是被众位学者所肯定，生活经验所证实的。但是，也正是由于它没有考虑物质的微观结构，因而无法从机理上正确解释物质的某些性质（比如热容和物质宏观性质的涨落现象）。

　　而统计热力学方法基于统计力学的计算技术和量子理论，不仅可以使人们能更深刻地了解宏观热力学现象的本质，而且还能解决经典热力学所不能解释的诸如物质比热容理论以及涨落现象等。第二种微观方法是所谓"动力学理论"，它以牛顿力学为基础研究粒子的行为，在推导诸如黏度、导热系数以及扩散系数等迁移性质的关系时十分有用。对于难以进行试验测量的情况，如超高温条件，这是获取上述迁移性质的主要方法。但是由于这种方法没有考虑到能量的量子化，所以除了一些极限情况外，动力理论无法成功地预测热力性质。第三种微观方法是新近发展起来的"信息论"，它在解释物质的宏观性质方面具有重要的意义。

　　另外，晶体的物态方程（简称 EOS）及化学势（简称 GIBBS）是我们在研究固体热力学性质时经常会涉及的两个主要内容。晶体结构的 EOS 决定了其随压强及温度的变化趋势；GIBBS 则主要控制晶体的结构稳定性及相位变化。在理论方面，从第一性原理出发确定 EOS 和 GIBBS 也是晶体物理和化学的两个主要目标。这里先阐述一下热力学中的几个概念。

3.1　热力学系统

热力学系统是由大量微观粒子构成的。我们所生活的周围处处有它的存在。热力学上所研究的对象，就称为系统或热力系统，它是客观独立的，而且是占据一定空间的。描述系统所处状态的物理量称为状态参数，这些参数都是状态量而非过程量，也就是说，热力学参数的具体值仅仅与系统的初始状态与最终状态有关，与系统变化的中间过程或者中间的任何状态都无关。

微观上来讲，系统中的微观粒子在永不停息地做无规则运动，而热力学系统会处于各种不同的热力学状态。宏观上来讲，热力学平衡态是指热力学系统在不受外界影响的情况下，各个状态参数稳定而不随时间变化。这一概念可以从以下三个方面来理解（温度、压强、焓）：一是除绝热壁两侧温度以外，系统内外温度处处相等且不变；二是除刚性壁两侧受力以外，系统内外受力处处相等且不变；三是系统内不发生相变，各个相的构成及数量不随时间发生变化。

3.2　热力学参数

1869年马休证明了在已知一个热力学函数的基础上，选择适当的独立变量，通过偏导后便可求得匀质体系的全部热力学函数，进而得到体系的平衡性质。众所周知，一个热力学系统的内能增量等于外界向它传递的热量与外界对它所做的功的和，这就是热力学第一定律，可表示成以下微分方程：

$$\mathrm{d}E = T\mathrm{d}S - P\mathrm{d}V \tag{3.2.1}$$

勒让德变换后，可得：

$$\mathrm{d}H = V\mathrm{d}P + T\mathrm{d}S \tag{3.2.2}$$

$$\mathrm{d}F = -P\mathrm{d}V - S\mathrm{d}T \tag{3.2.3}$$

$$\mathrm{d}G = V\mathrm{d}P - S\mathrm{d}T \tag{3.2.4}$$

联立以上公式，可得以下热力学参数：

$$P = -\left(\frac{\partial E}{\partial V}\right)_S = -\left(\frac{\partial F}{\partial V}\right)_T \tag{3.2.5}$$

$$V = \left(\frac{\partial H}{\partial P}\right)_S = \left(\frac{\partial G}{\partial P}\right)_T \tag{3.2.6}$$

$$T = \left(\frac{\partial E}{\partial S}\right)_V = \left(\frac{\partial H}{\partial S}\right)_P \tag{3.2.7}$$

$$S = -\left(\frac{\partial F}{\partial T}\right)_V = -\left(\frac{\partial G}{\partial P}\right)_P \tag{3.2.8}$$

将上述(3.2.1)～(3.2.4)公式进行二阶偏导，得到麦克斯韦关系式如下：

$$\left(\frac{\partial T}{\partial V}\right)_S = -\left(\frac{\partial P}{\partial S}\right)_V \tag{3.2.9}$$

$$\left(\frac{\partial T}{\partial P}\right)_S = -\left(\frac{\partial V}{\partial S}\right)_P \tag{3.2.10}$$

$$\left(\frac{\partial S}{\partial V}\right)_T = -\left(\frac{\partial P}{\partial T}\right)_V \tag{3.2.11}$$

$$\left(\frac{\partial S}{\partial P}\right)_T = -\left(\frac{\partial V}{\partial T}\right)_P \tag{3.2.12}$$

根据以上麦克斯韦关系式，可以导出热力学中其他重要的参量：

$$\left(\frac{\partial S}{\partial V}\right)_T = \alpha B_T \tag{3.2.13}$$

$$\left(\frac{\partial S}{\partial V}\right)_P = \frac{C_P}{\alpha VT} \tag{3.2.14}$$

$$\left(\frac{\partial S}{\partial P}\right)_T = -\alpha V \tag{3.2.15}$$

$$\left(\frac{\partial T}{\partial P}\right)_S = \frac{\alpha VT}{C_P} \tag{3.2.16}$$

$$\left(\frac{\partial V}{\partial T}\right)_S = \frac{C_P}{\alpha B_S T} \tag{3.2.17}$$

$$\left(\frac{\partial P}{\partial T}\right)_V = \alpha B_T \tag{3.2.18}$$

其中，热膨胀系数 α、等温体积模量 B_T、等压热容 C_P、绝热体积模量 B_S 的公式分别如下：

$$\alpha = \frac{1}{V}\left(\frac{\partial V}{\partial T}\right)_P \tag{3.2.19}$$

$$B_T = -\frac{1}{V}\left(\frac{\partial V}{\partial T}\right)_S \tag{3.2.20}$$

$$C_P = \left(\frac{\partial E}{\partial T}\right)_P = C_V\left(1 + \frac{\alpha^2 B_T V}{C_V}\right) \tag{3.2.21}$$

$$B_S = B_T\left(1 + \frac{\alpha^2 B_T V}{C_P}\right) \tag{3.2.22}$$

3.3　热平衡与相变

3.3.1　热平衡判据

当系统随着时间的推移不断地对外界放出自由能，使得本身的能量不断降低，然而本身的参数却是越发稳定时，这一过程就可定义为自发过程，并且该过程在与外界没有任何联系的情况下，是不可逆回的。热力学中，参数熵用来度量体系自发过程的不可逆程度，其大小可用一定温度体系下吸收或放出的热量来表示：

$$\Delta S = \frac{Q}{T} \tag{3.3.1}$$

其中：Q 为热量；T 为温度。对于一个与外界接触的体系，整个隔离体系熵值的变化应该同时考虑体系与环境热源两者熵值的变化，因此有：

$$\Delta S = \Delta S_{体系} + \Delta S_{环境} \tag{3.3.2}$$

上述情况下，当 $\Delta S = 0$ 时，表示熵值已取到最大值，整个隔离体系已达到平衡态。而当 $\Delta S > 0$ 时，则将发生自发进行的不可逆过程。对于所有的可逆过程：

$$\mathrm{d}S = \delta Q_{\mathrm{rev}}/T \tag{3.3.3}$$

对于所有的不可逆过程：

$$\mathrm{d}S > \delta Q/T \tag{3.3.4}$$

以上两式即为热力学第二定律的公式表示。结合热力学其他定律可以推导出，当体系处于零温零压的条件下时，可以根据以下五个判据来判断体系是否达到热力学平衡态：

(1)内能判据：体系在恒定的体积 V 和熵 S 的条件下平衡态的内能 E 最小，即

$$\delta E = 0,\ \delta^2 E > 0 \tag{3.3.5}$$

(2)焓判据：体系在恒定的压强 P 和熵 S 的条件下平衡态的焓 H 最小，即

$$H = E + PV,\ \delta H = 0,\ \delta^2 H > 0 \tag{3.3.6}$$

(3)自由能判据：体系在恒定的体积 V 和温度 T 的条件下平衡态的自由能 F 最小，即

$$F = E - TS,\ \delta F = 0,\ \delta^2 F > 0 \tag{3.3.7}$$

(4)吉布斯判据：体系在恒定的压强 P 和温度 T 的条件下平衡态的吉布斯自由能 G 最小，即

$$G = E + PV - TS \text{，} \delta G = 0 \text{，} \delta^2 G > 0 \tag{3.3.8}$$

（5）熵判据：体系在恒定的总能量的条件下平衡态的熵 S 最大，即

$$\Delta S = \delta S + \frac{1}{2}\delta^2 S \text{，} \Delta S < 0 \text{，} \delta^2 S < 0 \text{，} \delta S = 0 \tag{3.3.9}$$

以上判据是热力学参量和热力学函数关系的体现。上面五个判据中，熵判据是最基本的判据，其他四个都是依据熵判据推导得出的，而熵判据的实质是热力学第二定律，因此，热力学第二定律是以上判据的理论基础，但从应用方面来看，自由能函数和吉布斯函数是最重要的热力学函数。

3.3.2 晶格总能

要探究物质性质，如稳定结构、平衡体积及体弹模量，理论上来讲，首先就必须得计算物质的晶格总能。鉴于离子实能与晶格结构并无关联，因此在计算方法中的赝势选择上，我们通常将此值设定为零。这样，晶格总能就主要包括来自离子实能量以外其他的能量。考虑到离子与离子之间、离子与价电子之间以及价电子与价电子之间存在相互作用，晶格总能可以写为

$$E_{tot} = T[\rho] + E_{ext} + E_{coul} + E_{xc} + E_{N-N} \tag{3.3.10}$$

其中：$T[\rho]$ 代表价电子动能，在 KS 方程中：

$$T[\rho] = \sum_i \langle \varphi_i \mid E_i - V_{KS} \mid \varphi_i \rangle \tag{3.3.11}$$

E_{ext} 代表外势场对价电子的作用，公式为

$$E_{ext} = \int \rho(\boldsymbol{r}) V_{ext}(\boldsymbol{r}) \mathrm{d}\boldsymbol{r} \tag{3.3.12}$$

E_{coul} 代表价电子间的库仑相互作用，公式为

$$E_{coul} = \frac{1}{2} \iint \frac{\rho(\boldsymbol{r})\rho(\boldsymbol{r}')}{|\boldsymbol{r} - \boldsymbol{r}'|} \mathrm{d}\boldsymbol{r}\,\mathrm{d}\boldsymbol{r}' \tag{3.3.13}$$

E_{xc} 代表价电子间的交换-关联作用，公式为

$$E_{xc} = \int \varepsilon_{xc}[\rho(\boldsymbol{r})] \mathrm{d}\boldsymbol{r} \tag{3.3.14}$$

E_{N-N} 代表离子间的库仑相互作用，公式为

$$E_{N-N} = \frac{1}{2} \sum_{\boldsymbol{R}, s} \sum_{\boldsymbol{R}', s'} \frac{Z_s Z_{s'}}{|\boldsymbol{R} + \boldsymbol{\tau}_s - \boldsymbol{R}' + \boldsymbol{\tau}_{s'}|} \tag{3.3.15}$$

其中 Z_s、$\boldsymbol{r}$ 和 $\boldsymbol{\tau}_s$ 分别为价电子的数目、晶格矢量及晶体原胞内原子的相对位置坐标。因此，晶格总能的具体表达形式如下：

$$E_{tot} = \sum_i E_i - \frac{1}{2} \iint \frac{\rho(\boldsymbol{r})\rho(\boldsymbol{r}')}{|\boldsymbol{r} - \boldsymbol{r}'|} \mathrm{d}\boldsymbol{r}\,\mathrm{d}\boldsymbol{r}' + \int \rho(\boldsymbol{r})[\varepsilon_{xc}(\boldsymbol{r}) - V_{xc}(\boldsymbol{r})] \mathrm{d}(\boldsymbol{r}) + E_{N-N} \tag{3.3.16}$$

由于晶格具有周期性，因此根据 Bloch 定理可将上式从实空间转换到倒空间：

$$E_{\text{tot}} = \sum_i E_i - \frac{\Omega_c}{2} \sum_{\boldsymbol{k} \neq 0} \rho^*(\boldsymbol{k}) V_{\text{coul}}(\boldsymbol{k}) + \Omega_c \sum_{\boldsymbol{k}} \rho^*(\boldsymbol{k}) \left[\varepsilon_{\text{xc}}(\boldsymbol{k}) - V_{\text{xc}}(\boldsymbol{k}) \right] + E_{\text{N-N}}$$

(3.3.17)

其中：Ω_c 指晶体原胞体积，$V_{\text{coul}}(\boldsymbol{k})$ 指价电子之间的库仑相互作用势的傅里叶分量，$\rho(\boldsymbol{k})$ 指电子数密度，$\varepsilon_{\text{xc}}(\boldsymbol{k})$ 和 $V_{\text{xc}}(\boldsymbol{k})$ 则分别指交换-关联能和交换-关联势。

不同的体积对应不同的晶格总能，晶格总能最低的体积即为平衡结构对应的体积。通过拟合状态方程便可得到对应的结构参数。不同的晶格结构可得到不同的晶格总能和晶格参数。因此，可以做出各个晶体结构的 E-V 数据图，通过图示比较，在给定的压强下，具有最小内能的晶体结构就是最稳定的结构。

3.3.3　相变

热力学中常用热平衡判据来判断晶体结构的热力学稳定性。绝热等容下的内能、绝热等压下的焓、等温等容下的亥姆霍兹自由能以及等温等压条件下的吉布斯自由能，以上数值越小，体系表现越稳定，而相变通常发生在以上数值减小的方向。

实际上，多数晶体结构的相变是温度和压力导致的，因此通常选用吉布斯判据来辨别晶体结构的稳定性及相变的发生。又因为在高压条件下，晶体结构的体积随压强的变化要远远大于随温度的变化，为了计算晶体结构在零温下的平衡结构参数，我们选取温度为零，因此就有：

$$G = H = E + PV$$

(3.3.18)

也就是说可以通过计算晶体结构的焓值得出晶体结构的吉布斯自由能，进而得知晶体在热力学上的最稳定结构。当然根据晶体结构间的焓差值也可得到相同的结果。

另外，晶格动力学稳定是晶体结构存在的首要条件，是判断晶体结构稳定性存在的重要标准[37]。因此对于自然界不存在或实验上还没有合成的结构需要从动力学上进行一个稳定性判断。

通常来讲，一定温度下，体系的原子在平衡位置处做简谐运动，满足动力学稳定性条件。如果体系在外界因素的影响下偏离平衡位置，那体系就不满足动力学稳定条件。离子偏离平衡位置意味着发生了晶格振动，因此根据声子振动引起的能量变化就可以得到相应的声子频率。通过绘制晶体结构在零压或高压下的声子色散曲线，可以直观地观察到晶体结构在零压或高压下的动力学稳定性。若晶体结构在给定的压强下声子色散频率皆为正值，则说明此结构在该压强下满足动力学稳定性，若晶体结构在给定的压强下出现虚频，则说明此结构在该压强下在动力学上是不稳定的。

3.4 准谐近似

3.4.1 声子频率的计算

随着计算机模拟技术的不断发展，体系电子结构的计算和研究变得越来越方便。根据第一性原理方法可以很快得到电子的基态能量、基态电荷密度以及能带结构等信息，进而可以获得体系中离子的受力信息，通过对离子的振动求解可以实现晶格结构的动力学计算。

在第一性原理方法实现之前，通常利用"半经验"方法[38]对晶格进行动力学测试。在不存在或缺少实验数据的条件下，根据"半经验"法就无法很好地研究体系的全部性质。由于第一性原理方法只需要提供很少的实验信息便可以得到计算精度相对高的结果，因此该方法已成为理论研究晶格振动的主流方法。常见的"第一性原理"声子计算方法有：冻声子法、小位移法、密度泛函微扰理论法[39-41]。

3.4.2 准谐德拜模型

2004 年，Blanko 等人[42]提出了准谐德拜模型（quasi-harmonic Debye model），利用该模型可以分析晶体结构的热力学性质，因此已成为一种被大众接受的、普适的理论模型。根据标准热力学，如果系统维持恒定的温度 T，并受到恒定的流体静力学压强 P，则晶体结构的非平衡吉布斯能达到最小化时就是平衡态。在该模型中，晶体结构的吉布斯自由能可表示如下：

$$G^*(V；P，T) = E(V) + PV + A_{vib}(\Theta；T) \qquad (3.4.1)$$

其中：$E(V)$ 指晶体结构的总能；P 指压强；V 指体积；A_{vib} 指振动的亥姆霍兹自由能，此处自由能包括振动对内能的贡献及 $-TS$ 恒定温度条件项。A_{vib} 在拟调和近似下为

$$A_{vib}(\Theta；T) = nkT\left[\frac{9}{8}\frac{\Theta}{T} + 3\ln(1 - e^{-\Theta/T}) - D(\Theta/T)\right] \qquad (3.4.2)$$

其中：Θ 指德拜温度；n 指晶体原胞中的原子数；$D(\Theta/T)$ 指德拜积分，公式如下：

$$D(\Theta/T) = \frac{3}{(\Theta/T)^3}\int_0^{\Theta/T}\frac{x^3}{e^x - 1}dx， \qquad (3.4.3)$$

对于一个各向司性的晶体结构，Θ 可通过以下公式得到：

$$\Theta(V) = \frac{h}{k} \left[6\pi^2 V^{1/2} n \right]^{1/3} f(\sigma) \sqrt{\frac{B_s}{M}} \qquad (3.4.5)$$

其中：M 指晶体原胞的分子质量；σ 指泊松比；B_s 指绝热体积模量，$f(\sigma)$ 及 B_s 的公式如下：

$$f(\sigma) = \left\{ 3 \left[2 \left(\frac{2}{3} \frac{1+\sigma}{1-2\sigma} \right)^{3/2} + \left(\frac{1}{3} \frac{1+\sigma}{1-\sigma} \right)^{3/2} \right]^{-1} \right\}^{1/3} \qquad (3.4.6)$$

$$B_s \approx B(V) = V \left(\frac{\mathrm{d}^2 E(V)}{\mathrm{d} V^2} \right) \qquad (3.4.7)$$

通过极小化吉布斯自由能 $G^*(V; P, T)$ 可以得到晶体结构在 (P, T) 条件下的平衡态，即

$$\left(\frac{\partial G^*(V; P, T)}{\partial V} \right)_{P, T} = 0 \qquad (3.4.8)$$

忽略非零温条件下的电子激发，通过求解上述方程，可以得到等温体积模量：

$$B_T(P, T) = -P \left(\frac{\partial P}{\partial V} \right)_T = V \left(\frac{\partial^2 G^*(V; P, T)}{\partial V^2} \right)_{P, T} \qquad (3.4.9)$$

在得到给定 (P, T) 的平衡态后，还可以用相应的平衡态体积计算其他热动力学性质。如：振动内能 U，等容热容 C_V，熵 S，格林艾森（Grüneisen）常数 γ：

$$U = nkT \left[\frac{9}{8} \frac{\Theta}{T} + 3D(\Theta/T) \right] \qquad (3.4.10)$$

$$C_V = 3nk \left[4D(\Theta/T) - \frac{3\Theta/T}{e^{\Theta/T} - 1} \right] \qquad (3.4.11)$$

$$S = nk \left[4D(\Theta/T) - 3\ln(1 - e^{-\Theta/T}) \right] \qquad (3.4.12)$$

$$\gamma = -\frac{\gamma \mathrm{d}(\ln\Theta(V))}{\mathrm{d}(\ln(V))} \qquad (3.4.13)$$

根据以上公式，又可得到热膨胀系数 α 及等压热容 C_p：

$$\alpha = \frac{\gamma C_V}{B_T V} \qquad (3.4.14)$$

$$C_p = C_V (1 + \alpha\gamma T) \qquad (3.4.15)$$

3.5 物态方程

在一定热力学条件下，体系的各个状态量（体积、温度、压强等）之间存在一定的函数关系。对于热平衡体系，通常用物态方程来表示各状态参量间的关系。

由于体系各状态参量间是紧密相连、密不可分的，所以体系的物态方程有压强物态方程、能量物态方程及力学物态方程，因此，实际体系所处的外界条件决定了所选物态方程的类型。不管物态方程写成何种形式，都是为了方便研究实际体系处于一定外界环境时具有的性质。另外，体系具有的能量会随外界环境的变化而变化，从而使体系的性质发生变化。

零温物态方程主要是指 E-V 关系或 P-V 关系。结合晶体的振动模型并利用第一性原理的计算方法便可得到一系列对应体积的总能，从而得知晶格对自由能的影响。从这些离散的数据可以得到 E-V 关系，进而可以确定物态方程的近似形式。以下介绍几种常见的固体物态方程，主要有 Vinet 物态方程、Birch-Murnaghan 物态方程、Murnaghan 物态方程及 Poirier-Tarantola 物态方程。

3.5.1　Vinet 物态方程

Vinet 物态方程[43]是在相邻原子间存在里德伯格原子间势的假设下推导出的，即 $E(a) = -\Delta E(1+a)e^{-a}$，其中 $a = (r-r_0)/l$，r 指原子间的距离，r_0 指与原子间距的最小值，l 指扩展宽度。Vinet 物态方程中的总能如下：

$$E(V) = E(V_0) + \frac{4B_0 V_0}{(B_0'-1)^2} - \frac{2B_0 V_0}{(B_0'-1)^2}[3(B_0'-1)(x^{1/3}-1)+2]$$

$$\times \exp\left[-\frac{3}{2}(B_0'-1)(x^{1/3}-1)\right]$$

$$(3.5.1)$$

其中，$x = V/V_0$，将上式对体积求导，便可得到压强和体积模量：

$$P(V) = 3B_0 \frac{1-x^{1/3}}{x^{2/3}}\exp\left[-\frac{3}{2}(B_0'-1)(x^{1/3}-1)\right] \qquad (3.5.2)$$

$$B(V) = -\frac{B_0}{2x^{2/3}}[3x^{1/3}(x^{1/3}-1)(B_0'-1)+2(x^{1/3}-2)]$$

$$\times \exp\left[-\frac{3}{2}(B_0'-1)(x^{1/3}-1)\right] \qquad (3.5.3)$$

Cohen 等人[44]的研究结果表明，Vinet 物态方程擅长重现从极软的稀有气体或 n-H$_2$ 到极硬的金属、共价或离子化合物等固体的可用数据。这可能是 Vinet 状态方程深受大众学者选择的原因。

3.5.2　Murnaghan 物态方程

Murnaghan 物态方程[45]是在质量守恒原理的基础上，结合胡克定律研究了固体中应力的无穷小变化。设体积模量随压力呈线性变化，即 $B(P) = B_0 + B_0'P$，

$B=-V(\partial P/\partial V)_T$，则可以得到：

$$V(P)=V_0\left(1+\frac{B_0'}{B_0}P\right)^{-1/B_0'} \tag{3.5.4}$$

反过来，则

$$P(V)=\frac{B_0}{B_0'}\left[\left(\frac{V_0}{V}\right)^{B_0'}-1\right] \tag{3.5.5}$$

零温条件下的体积能公式为

$$E=E_0+\frac{B_0V}{B_0'}\left[\frac{(V_0/V)^{B_0'}}{B'-1}+1\right]-\frac{B_0V}{B_0'-1} \tag{3.5.6}$$

Murnaghan 物态方程因其简单的功能形式而流行。对于各种固体，在压力为 $B_0/2$ 量级的情况下，测量结果与实验结果相吻合[46]。另外，$V/V_0<0.9$ 是有效使用极限。

3.5.3　Birch-Murnaghan 物态方程

Birch-Murnaghan 物态方程[45,47-48]在拟合数据方面是最受欢迎的。其主要思想是把受到外加应力的晶体内能按发生有限应变的泰勒级数展开，所以又称作"有限应变状态方程（finite strain EOS）"。根据拟合阶数的不同，Birch-Murnaghan 物态方程又可细分为：二阶 BM 物态方程、三阶 BM 物态方程和四阶 BM 物态方程，各个总能及求导后的压强及体积模量分别如下：

二阶 BM，

$$E=E_0+\frac{9}{8}B_0V_0\,(x^{-2/3}-1)^2 \tag{3.5.7}$$

$$P=\frac{3}{2}B_0(x^{-7/3}-x^{-5/3}) \tag{3.5.8}$$

$$B=B_0(7f+1)(2f+1)^{5/2} \tag{3.5.9}$$

三阶 BM，

$$E=E_0+\frac{9}{16}B_0V_0\,\frac{(x^{2/3}-1)^2}{x^{7/3}}[x^{1/3}(B_0'-4)-x(B_0'-6)] \tag{3.5.10}$$

$$P=\frac{3}{8}B_0\,\frac{(x^{2/3}-1)}{x^{10/3}}[3B_0'x-16x-3x^{1/3}(B_0'-4)] \tag{3.5.11}$$

$$B=\frac{B_0}{8x^{10/3}}[x^{5/3}(15B_0'-80)-x(42B_0'-196)+27x^{1/3}(B_0'-4)]$$

$$\tag{3.5.12}$$

四阶 BM，

$$E = E_0 + \frac{3}{8} B_0 V_0 f^2 \left[(9H - 63B_0' + 143) f^2 + 12(B_0' - 4) f + 6 \right]$$

$$(3.5.13)$$

$$P = \frac{1}{2} B_0 (2f + 1)^{5/2} \left[(9H - 63B_0' + 143) f^2 + 9(B_0' - 4) f + 6 \right]$$

$$(3.5.14)$$

$$B = \frac{1}{6} B_0 (2f + 1)^{5/2} \left[(99H - 693B_0' + 1573) f^3 \right.$$
$$\left. + (27H - 108B_0' + 105) f^2 + 6(3B_0' - 5) f + 6 \right] \quad (3.5.15)$$

其中,

$$f = \frac{1}{2} \left[\left(\frac{V_r}{V} \right)^{2/3} - 1 \right] \quad (3.5.16)$$

$$H = B_0 B_0'' + (B_0')^2 \quad (3.5.17)$$

其中,V_r 为参考体积。

3.5.4 Poirier-Tarantola 物态方程

Poirier-Tarantola 物态方程[49]是基于应变总能随自然应变或 Hencky 线性应变的扩展而成的:在静水压条件下,晶体总能由二阶展开为

$$E = E_0 + \frac{9}{2} B_0 V_0 f_N^2 = E_0 + \frac{1}{2} B_0 V_0 \ln^2 x \quad (3.5.18)$$

$$P = -3B_0 f_N e^{-3f_N} = -\frac{B_0}{x} \ln x \quad (3.5.19)$$

$$B = B_0 (1 - 3f_N) e^{-3f_N} = \frac{B_0}{x} (1 - \ln x) \quad (3.5.20)$$

其中:$f_N = \ln(V/V_0)^{1/3}$。

三阶 PT,

$$E = E_0 + \frac{1}{6} B_0 V_0 \ln^2 x \left[(B_0' + 2) \ln x + 3 \right] \quad (3.5.21)$$

$$P = -\frac{B_0 \ln x}{2x} \left[(B_0' + 2) \ln x + 2 \right] \quad (3.5.22)$$

$$B = -\frac{B_0}{2x} \left[(B_0' + 2) \ln x (\ln x - 1) - 2 \right] \quad (3.5.23)$$

四阶 PT,

$$E = E_0 + \frac{1}{24} B_0 V_0 \ln^2 x \left[(H + 3B_0' + 3) \ln^2 x + 4(B_0' + 2) \ln x + 12 \right]$$

$$(3.5.24)$$

$$P = -\frac{B_0 \ln x}{6x} [(H + 3B_0' + 3)\ln^2 x + 3(B_0' + 6)\ln x + 6] \quad (3.5.25)$$

$$B = -\frac{B_0}{6x} \Big[(H + 3B_0' + 3)\ln^3 x - 3(H + 2B_0' + 1)\ln^2 x$$

$$- 6(B_0' + 1)\ln x - 6 \Big] \quad (3.5.26)$$

与零温物态方程类似，高温物态方程也是在一定温度下通过拟合体系的自由能而得到 P-V 关系，但是高温条件下，体系的自由能需要考虑晶格的振动和电子的热激发。一定温度下通过计算不同体积 V 的吉布斯自由能 E 得到离散的 E-V 点，再用高压物态方程拟合这些 E-V 点，即可得到该温度下的等温压缩曲线。另外，通过高温高压下的物态方程可以探索体系在各个极端条件下的宏观行为，进而研究得到体系在各个极端条件下所对应的物理化学性质。

第四章 晶体的弹性性质

4.1 弹性常数

众所周知，晶体结构的弹性常数是凝聚态物理中非常重要的一个物理量。弹性常数能够反映物质抵抗外界压力的能力，并且与物质的机械性能互相关联，如加载位移、内应力、韧脆性等；不仅如此，弹性常数还决定了晶体的弹性和力学稳定性。另外，通过弹性常数计算得到的弹性模量，进而可以了解晶体结构的弹性波的传播、热弹性应力、德拜温度、热膨胀系数、格林艾森参数等热力学性质[50]，因此，近几年来，不同晶体结构在零压及高压下的弹性特性激发了众多学者的研究兴趣。实验上获得晶体物质的弹性常数的方法有超声波声速检测、布里渊及中子散射等，理论上有基于密度泛函理论的超软赝势平面波法（US-PP）、紧束缚线性分子轨道法（LMTO）等。

我们知道零温下，当不受外加压力时，固体内各个分子处于热稳定平衡状态，固体不发生外在形变，即体积不发生变化。当受到外加压力时，固体内各个分子处于不平衡状态而发生移动，这样，固体发生微小形变后就有恢复到原来状态的趋势。由胡克定律可知，致使固体发生形变的应力张量 σ_i（在弹性形变内）与固体发生的外在微小应变张量 ε_j 之间存在如下线性关系：

$$\sigma_i = C_{ij}\varepsilon_j \qquad (4.1.1)$$

其中：应力张量 σ_i 与弹性常数 C_{ij} 的定义式如下：

$$\sigma_i = \frac{1}{V_0}\left.\frac{\partial E}{\partial \varepsilon_i}\right|_{(\varepsilon_i = 0)} \qquad (4.1.2)$$

$$C_{ij} = \frac{1}{V_0}\left.\frac{\partial^2 E}{\partial \varepsilon_i \partial \varepsilon_j}\right|_{(\varepsilon_{ij} = 0)} \qquad (4.1.3)$$

其中：V_0 为形变前晶体原胞的体积。

胡克定律的矩阵形式可表示为

$$
\begin{bmatrix} \sigma_1 \\ \sigma_2 \\ \sigma_3 \\ \sigma_4 \\ \sigma_5 \\ \sigma_6 \end{bmatrix} = \begin{bmatrix} C_{11} & C_{12} & C_{13} & C_{14} & C_{15} & C_{16} \\ C_{21} & C_{22} & C_{23} & C_{24} & C_{25} & C_{26} \\ C_{31} & C_{32} & C_{33} & C_{34} & C_{35} & C_{36} \\ C_{41} & C_{42} & C_{43} & C_{44} & C_{45} & C_{46} \\ C_{51} & C_{52} & C_{53} & C_{54} & C_{55} & C_{56} \\ C_{61} & C_{62} & C_{63} & C_{64} & C_{65} & C_{66} \end{bmatrix} \begin{bmatrix} \varepsilon_1 \\ \varepsilon_2 \\ \varepsilon_3 \\ \varepsilon_4 \\ \varepsilon_5 \\ \varepsilon_6 \end{bmatrix}
\tag{4.1.4}
$$

由于 $C_{ij} = C_{ji}$，所以弹性常数的最大值可达 21 个，但由于晶体结构的对称性，不同晶系结构往往对应不同独立个数的弹性常数。如，立方晶系为 3 个，六角形晶系为 5 个，三角晶系为 6 个，四方晶系为 7 个，斜方晶系为 9 个等。

对于立方晶系，弹性常数矩阵为

$$
\begin{bmatrix} C_{11} & C_{12} & C_{12} & & & \\ C_{12} & C_{11} & C_{12} & & & \\ C_{12} & C_{12} & C_{11} & & & \\ & & & C_{44} & & \\ & & & & C_{44} & \\ & & & & & C_{44} \end{bmatrix}
\tag{4.1.5}
$$

立方晶系有 3 个弹性常数，因此需要施加 3 个独立的应变。对于施加的 3 个应变，进行原子位置优化的同时，还分别选取了一系列较小的 $\bar{a}$ 值（20 个），具体计算了零压或高压情况下的晶体结构体系总能。将计算得到的三组 E-$\bar{a}$ 值分别进行四阶多项式拟合，这样便得到了能量 E 对 $\bar{a}$ 的二阶偏导。

对于六角晶系，弹性常数矩阵为

$$
\begin{bmatrix} C_{11} & C_{12} & C_{13} & & & \\ C_{12} & C_{11} & C_{13} & & & \\ 0 & C_{12} & C_{33} & & & \\ & & & C_{44} & & \\ & & & & C_{44} & \\ & & & & & \frac{1}{2}(C_{11} - C_{12}) \end{bmatrix}
\tag{4.1.6}
$$

六角晶系有 5 个弹性常数，因此需要施加 5 个独立的应变。同理，对于这 5 个独立的应变，需要进行原子位置优化，并且需要分别选取 5 组较小的 $\bar{a}$ 值（20 个）来计算其对应的在零压或高压情况下的晶体结构体系总能。同样的方法最终得到能量 E 对 γ 的二阶偏导。

当体系受力后应变很小时，晶体体系的总能 $E(V, \varepsilon)$ 可 Taylor 展开为应变

张量 ε 的级数：

$$E(V, \varepsilon) = E(V_0, 0) + V_0 \sum_{i=1}^{6} \sigma_i \varepsilon_i + \frac{1}{2} V_0 \sum_{i,j=1}^{6} C_{ij} \varepsilon_i \varepsilon_j + \cdots \quad (4.1.7)$$

应变前后晶体体系的总能变化可表示为

$$\Delta E(V, \varepsilon) = \frac{1}{2} V_0 \sum_{i,j=1}^{6} C_{ij} \varepsilon_i \varepsilon_j \quad (4.1.8)$$

另外，根据 Sin'ko 和 Smirnov 的理论[51]，通过计算总能对应力张量的二阶偏导可得弹性常数。当晶体体系发生微小均匀形变时，应变前后的基矢存在如下关系：

$$(\boldsymbol{R}_i') = \boldsymbol{R}_j' \cdot \sum_j (\boldsymbol{\delta}_{ij} + \boldsymbol{\varepsilon}_{ij}) \quad (4.1.9)$$

其中：$\boldsymbol{\varepsilon}_{ij}$ 为形变（应变）矩阵；$\boldsymbol{\delta}_{ij}$ 为单位矩阵，具体公式如下：

$$\boldsymbol{\varepsilon}_{ij} = \begin{bmatrix} \varepsilon_{11} & \varepsilon_{12} & \varepsilon_{13} \\ \varepsilon_{21} & \varepsilon_{22} & \varepsilon_{23} \\ \varepsilon_{31} & \varepsilon_{32} & \varepsilon_{33} \end{bmatrix} \quad (4.1.10)$$

$$\boldsymbol{\delta}_{ij} = \begin{bmatrix} 1 & 0 & 0 \\ 0 & 1 & 0 \\ 0 & 0 & 1 \end{bmatrix} \quad (4.1.11)$$

当 $i=j$ 时，δ_{ij} 等于 1；当 $i \neq j$ 时，δ_{ij} 等于 0。

因此，公式(4.1.9)亦可表示如下：

$$(\boldsymbol{R}') = \boldsymbol{R} \cdot (\boldsymbol{I} + \boldsymbol{\varepsilon}) \quad (4.1.12)$$

其中：I 为单位基矢。

根据 Sin'ko 和 Smirnov 的理论[51]，立方晶系及六角晶系施加了微小形变后，其应变张量 ε_{ij} 与弹性常数有一一对等的关系，见表 4.1。

表 4.1　计算立方晶系及六角晶系晶体结构的弹性常数时所施加的应变

	应变	应变张量	$\rho_1 \left.\dfrac{\partial^2 E(\rho_1, \gamma)}{\partial \gamma^2}\right|_{\gamma=0}$
立方晶系	1	$\varepsilon_{11} = \varepsilon_{22} = \gamma$	$2(C_{11} + C_{12} - P)$
	2	$\varepsilon_{13} = \varepsilon_{31} = \gamma$	$4C_{44} - 2P$
	3	$\varepsilon_{11} = \gamma$	$C_{11} - P$
六角晶系	1	$\varepsilon_{11} = \varepsilon_{33} = \gamma$	$C_{11} + 2C_{13} + C_{33} - 2P$
	2	$\varepsilon_{11} = -\varepsilon_{22} = \gamma$	$2(C_{11} - C_{12} - P)$
	3	$\varepsilon_{11} = \varepsilon_{22} = \gamma$	$2(C_{11} + C_{12} - P)$
	4	$\varepsilon_{13} = \varepsilon_{31} = \gamma$	$4(C_{44} - 2P)$
	5	$\varepsilon_{33} = \gamma$	$C_{33} - P$

注：未给出的应变张量均默认为 0。（$\rho_1 = 1/V_1$，V_1 是晶体形变后的体积）

据上可得，对于立方晶系，三个应变矩阵分别为

$$\boldsymbol{\varepsilon}_1 = \begin{bmatrix} \gamma & 0 & 0 \\ 0 & \gamma & 0 \\ 0 & 0 & 0 \end{bmatrix} \quad (4.1.13)$$

$$\boldsymbol{\varepsilon}_2 = \begin{bmatrix} 0 & 0 & \gamma \\ 0 & 0 & 0 \\ \gamma & 0 & 0 \end{bmatrix} \quad (4.1.14)$$

$$\boldsymbol{\varepsilon}_3 = \begin{bmatrix} \gamma & 0 & 0 \\ 0 & 0 & 0 \\ 0 & 0 & 0 \end{bmatrix} \quad (4.1.15)$$

因此，

$$\boldsymbol{I} + \boldsymbol{\varepsilon}_1 = \begin{bmatrix} \gamma+1 & 0 & 0 \\ 0 & \gamma+1 & 0 \\ 0 & 0 & 1 \end{bmatrix} \quad (4.1.16)$$

$$\boldsymbol{I} + \boldsymbol{\varepsilon}_2 = \begin{bmatrix} 1 & 0 & \gamma \\ 0 & 1 & 0 \\ \gamma & 0 & 1 \end{bmatrix} \quad (4.1.17)$$

$$\boldsymbol{I} + \boldsymbol{\varepsilon}_3 = \begin{bmatrix} \gamma+1 & 0 & 0 \\ 0 & 1 & 0 \\ 0 & 0 & 1 \end{bmatrix} \quad (4.1.18)$$

对于立方晶系的面心结构（fcc）B_1，B_3 等，提出缩放系数（即晶格常数）后，未发生形变的晶体原胞基矢均为

$$\boldsymbol{R} = \begin{bmatrix} 0 & 0.5 & 0.5 \\ 0.5 & 0 & 0.5 \\ 0.5 & 0.5 & 0 \end{bmatrix} \quad (4.1.19)$$

因而发生 3 个微小形变后，提出缩放系数的晶体原胞基矢分别变为

$$\boldsymbol{R}'_1 = \begin{bmatrix} 0 & k & 0.5 \\ k & 0 & 0.5 \\ k & k & 0 \end{bmatrix} \quad (4.1.20)$$

$$\boldsymbol{R}'_2 = \begin{bmatrix} m & 0.5 & 0.5 \\ k & 0 & k \\ 0.5 & 0.5 & m \end{bmatrix} \quad (4.1.21)$$

$$\boldsymbol{R}_3' = \begin{bmatrix} 0 & 0.5 & 0.5 \\ k & 0 & 0.5 \\ k & 0.5 & 0 \end{bmatrix} \qquad (4.1.22)$$

其中：$k = (\gamma + 1)/2$，$m = \gamma/2$。

对于立方晶系的体心结构（bcc）B_2 等，提出缩放系数后，未发生形变的晶体原胞基矢为

$$\boldsymbol{R} = \begin{bmatrix} 1 & 0 & 0 \\ 0 & 1 & 0 \\ 0 & 0 & 1 \end{bmatrix} \qquad (4.1.23)$$

因而发生 3 个微小形变后，提出缩放系数的晶体原胞基矢分别变为

$$\boldsymbol{R}_1' = \begin{bmatrix} k & 0 & 0 \\ 0 & k & 0 \\ 0 & 0 & 1 \end{bmatrix} \qquad (4.1.24)$$

$$\boldsymbol{R}_2' = \begin{bmatrix} 1 & 0 & \gamma \\ 0 & 1 & 0 \\ \gamma & 0 & 1 \end{bmatrix} \qquad (4.1.25)$$

$$\boldsymbol{R}_3' = \begin{bmatrix} k & 0 & 0 \\ 0 & 1 & 0 \\ 0 & 0 & 1 \end{bmatrix} \qquad (4.1.26)$$

其中：$k = \gamma + 1$。

同理，对于六角晶系（hcp）B_4，B_6，B_8 等，5 个应变矩阵分别为

$$\boldsymbol{\varepsilon}_1 = \begin{bmatrix} \gamma & 0 & 0 \\ 0 & 0 & 0 \\ 0 & 0 & \gamma \end{bmatrix} \qquad (4.1.27)$$

$$\boldsymbol{\varepsilon}_2 = \begin{bmatrix} \gamma & 0 & 0 \\ 0 & -\gamma & 0 \\ 0 & 0 & 0 \end{bmatrix} \qquad (4.1.28)$$

$$\boldsymbol{\varepsilon}_3 = \begin{bmatrix} \gamma & 0 & 0 \\ 0 & \gamma & 0 \\ 0 & 0 & 0 \end{bmatrix} \qquad (4.1.29)$$

$$\boldsymbol{\varepsilon}_4 = \begin{bmatrix} 0 & 0 & \gamma \\ 0 & 0 & 0 \\ \gamma & 0 & 0 \end{bmatrix} \qquad (4.1.30)$$

$$\boldsymbol{\varepsilon}_5 = \begin{bmatrix} 0 & 0 & 0 \\ 0 & 0 & 0 \\ 0 & 0 & \gamma \end{bmatrix} \tag{4.1.31}$$

因此，

$$\boldsymbol{I} + \boldsymbol{\varepsilon}_1 = \begin{bmatrix} \gamma+1 & 0 & 0 \\ 0 & 1 & 0 \\ 0 & 0 & \gamma+1 \end{bmatrix} \tag{4.1.32}$$

$$\boldsymbol{I} + \boldsymbol{\varepsilon}_2 = \begin{bmatrix} \gamma+1 & 0 & 0 \\ 0 & 1-\gamma & 0 \\ 0 & 0 & 1 \end{bmatrix} \tag{4.1.33}$$

$$\boldsymbol{I} + \boldsymbol{\varepsilon}_3 = \begin{bmatrix} \gamma+1 & 0 & 0 \\ 0 & \gamma+1 & 0 \\ 0 & 0 & 1 \end{bmatrix} \tag{4.1.34}$$

$$\boldsymbol{I} + \boldsymbol{\varepsilon}_4 = \begin{bmatrix} 1 & 0 & \gamma \\ 0 & 1 & 0 \\ \gamma & 0 & 1 \end{bmatrix} \tag{4.1.35}$$

$$\boldsymbol{I} + \boldsymbol{\varepsilon}_5 = \begin{bmatrix} 1 & 0 & 0 \\ 0 & 1 & 0 \\ 0 & 0 & \gamma+1 \end{bmatrix} \tag{4.1.36}$$

对于六角晶系结构，提出缩放系数后，未发生形变的晶体原胞基矢为

$$\boldsymbol{R} = \begin{bmatrix} 0.5 & -0.866 & 0 \\ 0.5 & 0.866 & 0 \\ 0 & 0 & c/a \end{bmatrix} \tag{4.1.37}$$

因而发生 5 个微小形变后，提出缩放系数的晶体原胞基矢分别变为

$$\boldsymbol{R}'_1 = \begin{bmatrix} k & -0.866 & 0 \\ k & 0.866 & 0 \\ 0 & 0 & m \end{bmatrix} \tag{4.1.38}$$

其中：$k=(\gamma+1)/2$，$m=(\gamma+1)c/a$。

$$\boldsymbol{R}'_2 = \begin{bmatrix} k & m & 0 \\ k & l & 0 \\ 0 & 0 & c/a \end{bmatrix} \tag{4.1.39}$$

其中：$k=(\gamma+1)/2$，$m=0.866(\gamma-1)$，$l=0.866(1-\gamma)$。

$$\boldsymbol{R}_3' = \begin{bmatrix} k & m & 0 \\ k & l & 0 \\ 0 & 0 & c/a \end{bmatrix} \qquad (4.1.40)$$

其中：$k=(\gamma+1)/2$，$m=-0.866(\gamma+1)$，$l=0.866(\gamma+1)$。

$$\boldsymbol{R}_4' = \begin{bmatrix} 0.5 & -0.866 & k \\ 0.5 & 0.866 & k \\ m & 0 & c/a \end{bmatrix} \qquad (4.1.41)$$

其中：$k=\gamma/2$，$m=\gamma c/a$。

$$\boldsymbol{R}_5' = \begin{bmatrix} 0.5 & -0.866 & 0 \\ 0.5 & 0.866 & 0 \\ 0 & 0 & k \end{bmatrix} \qquad (4.1.42)$$

其中：$k=(\gamma+1)c/a$。

下面介绍另外一种弹性常数与应变张量的关系，可以计算零温零压条件下任意晶体的弹性常数，见表 4.2。

表 4.2　计算七大晶系晶体结构的弹性常数时所施加的应变

	应变	应变张量	$\rho_1 \dfrac{\partial^2 E(\rho_1, \gamma)}{\partial \gamma^2}\bigg|_{\gamma=0}$
立方晶系	1	$\varepsilon_{11}=\varepsilon_{22}=\gamma$	$C_{11}+C_{12}$
	2	$\varepsilon_{11}=\varepsilon_{22}=\varepsilon_{33}=\gamma$	$3(C_{11}+2C_{12})/2$
	3	$\varepsilon_{12}=\varepsilon_{21}=\varepsilon_{13}=\varepsilon_{31}=\varepsilon_{23}=\varepsilon_{32}=\gamma/2$	$3C_{44}/2$
六角晶系	1	$\varepsilon_{11}=\varepsilon_{22}=\gamma$	$C_{11}+C_{12}$
	2	$\varepsilon_{11}=\varepsilon_{22}=\varepsilon_{33}=\gamma$	$C_{11}+C_{12}+2C_{13}+C_{33}/2$
	3	$\varepsilon_{33}=\gamma$	$C_{33}/2$
	4	$\varepsilon_{13}=\varepsilon_{31}=\varepsilon_{23}=\varepsilon_{32}=\gamma/2$	C_{44}
	5	$\varepsilon_{12}=\varepsilon_{21}=\gamma/2$	$(C_{11}-C_{12})/4$
三角晶系 32，3m，$\bar{3}2/m$	1	$\varepsilon_{11}=\varepsilon_{22}=\gamma$	$C_{11}+C_{12}$
	2	$\varepsilon_{11}=\varepsilon_{22}=\varepsilon_{33}=\gamma$	$C_{11}+C_{12}+2C_{13}+C_{33}/2$
	3	$\varepsilon_{33}=\gamma$	$C_{33}/2$
	4	$\varepsilon_{13}=\varepsilon_{31}=\varepsilon_{23}=\varepsilon_{32}=\gamma/2$	C_{44}
	5	$\varepsilon_{12}=\varepsilon_{21}=\gamma/2$	$(C_{11}-C_{12})/4$
	6	$\varepsilon_{12}=\varepsilon_{21}=\varepsilon_{13}=\varepsilon_{31}=\gamma/2$	C_{14}

	应变	应变张量	$\rho_1 \dfrac{\partial^2 E(\rho_1, \gamma)}{\partial \gamma^2}\bigg|_{\gamma=0}$
三角晶系 3, $\bar{3}$	1	$\varepsilon_{11} = \varepsilon_{22} = \gamma$	$C_{11} + C_{12}$
	2	$\varepsilon_{11} = \varepsilon_{22} = \varepsilon_{33} = \gamma$	$C_{11} + C_{12} + 2C_{13} + C_{33}/2$
	3	$\varepsilon_{33} = \gamma$	$C_{33}/2$
	4	$\varepsilon_{13} = \varepsilon_{31} = \varepsilon_{23} = \varepsilon_{32} = \gamma/2$	C_{44}
	5	$\varepsilon_{12} = \varepsilon_{21} = \gamma/2$	$(C_{11} - C_{12})/4$
	6	$\varepsilon_{12} = \varepsilon_{21} = \varepsilon_{13} = \varepsilon_{31} = \gamma/2$	C_{14}
	7	$\varepsilon_{22} = \gamma$, $\varepsilon_{12} = \varepsilon_{21} = \gamma/2$	$-C_{15}$
	8	$\varepsilon_{12} = \varepsilon_{21} = \varepsilon_{23} = \varepsilon_{32} = \gamma/2$	$-C_{45}$
四方晶系 422，$4mm$， $\bar{4}2m$ $4/mmm$	1	$\varepsilon_{11} = \varepsilon_{22} = \gamma$	$C_{11} + C_{12}$
	2	$\varepsilon_{11} = \varepsilon_{22} = \varepsilon_{33} = \gamma$	$C_{11} + C_{12} + 2C_{13} + C_{33}/2$
	3	$\varepsilon_{33} = \gamma$	$C_{33}/2$
	4	$\varepsilon_{13} = \varepsilon_{31} = \varepsilon_{23} = \varepsilon_{32} = \gamma/2$	C_{44}
	5	$\varepsilon_{12} = \varepsilon_{21} = \gamma/2$	$C_{66}/2$
	6	$\varepsilon_{22} = \varepsilon_{33} = \gamma$	$C_{11}/2 + C_{13} + C_{33}/2$
四方晶系 4，$\bar{4}$ $4/m$	1	$\varepsilon_{11} = \varepsilon_{22} = \gamma$	$C_{11} + C_{12}$
	2	$\varepsilon_{11} = \varepsilon_{22} = \varepsilon_{33} = \gamma$	$C_{11} + C_{12} + 2C_{13} + C_{33}/2$
	3	$\varepsilon_{33} = \gamma$	$C_{33}/2$
	4	$\varepsilon_{13} = \varepsilon_{31} = \varepsilon_{23} = \varepsilon_{32} = \gamma/2$	C_{44}
	5	$\varepsilon_{12} = \varepsilon_{21} = \gamma/2$	$C_{66}/2$
	6	$\varepsilon_{22} = \varepsilon_{33} = \gamma$	$C_{11}/2 + C_{13} + C_{33}/2$
	7	$\varepsilon_{11} = \gamma$, $\varepsilon_{12} = \varepsilon_{21} = \gamma/2$	C_{16}
正交晶系 3，$\bar{3}$	1	$\varepsilon_{11} = \gamma$	$C_{11}/2$
	2	$\varepsilon_{22} = \gamma$	$C_{22}/2$
	3	$\varepsilon_{33} = \gamma$	$C_{33}/2$
	4	$\varepsilon_{23} = \varepsilon_{32} = \gamma/2$	$C_{44}/2$
	5	$\varepsilon_{13} = \varepsilon_{31} = \gamma/2$	$C_{55}/2$
	6	$\varepsilon_{12} = \varepsilon_{21} = \gamma/2$	$C_{66}/2$
	7	$\varepsilon_{11} = \varepsilon_{22} = \gamma$	$C_{11}/2 + C_{12} + C_{22}/2$
	8	$\varepsilon_{22} = \varepsilon_{33} = \gamma$	$C_{22}/2 + C_{23} + C_{33}/2$
	9	$\varepsilon_{11} = \varepsilon_{33} = \gamma$	$C_{11}/2 + C_{13} + C_{33}/2$

续　表

	应变	应变张量	$\rho_1 \left. \dfrac{\partial^2 E(\rho_1,\ \gamma)}{\partial \gamma^2} \right|_{\gamma=0}$
单斜晶系	1	$\varepsilon_{11} = \gamma$	$C_{11}/2$
	2	$\varepsilon_{22} = \gamma$	$C_{22}/2$
	3	$\varepsilon_{33} = \gamma$	$C_{33}/2$
	4	$\varepsilon_{23} = \varepsilon_{32} = \gamma/2$	$C_{44}/2$
	5	$\varepsilon_{13} = \varepsilon_{31} = \gamma/2$	$C_{55}/2$
	6	$\varepsilon_{12} = \varepsilon_{21} = \gamma/2$	$C_{66}/2$
	7	$\varepsilon_{11} = \varepsilon_{22} = \gamma$	$C_{11}/2 + C_{12} + C_{22}/2$
	8	$\varepsilon_{22} = \varepsilon_{33} = \gamma$	$C_{22}/2 + C_{23} + C_{33}/2$
	9	$\varepsilon_{11} = \varepsilon_{33} = \gamma$	$C_{11}/2 + C_{13} + C_{33}/2$
	10	$\varepsilon_{13} = \varepsilon_{31} = \varepsilon_{12} = \varepsilon_{21} = \gamma/2$	$C_{44}/2 + C_{45} + C_{55}/2$
	11	$\varepsilon_{11} = \gamma,\ \varepsilon_{12} = \varepsilon_{21} = \gamma/2$	$C_{11}/2 + C_{16} + C_{66}/2$
	12	$\varepsilon_{22} = \gamma,\ \varepsilon_{12} = \varepsilon_{21} = \gamma/2$	$C_{22}/2 + C_{26} + C_{66}/2$
	13	$\varepsilon_{33} = \gamma,\ \varepsilon_{12} = \varepsilon_{21} = \gamma/2$	$C_{33}/2 + C_{36} + C_{66}/2$
三斜晶系	1	$\varepsilon_{11} = \gamma$	$C_{11}/2$
	2	$\varepsilon_{22} = \gamma$	$C_{22}/2$
	3	$\varepsilon_{33} = \gamma$	$C_{33}/2$
	4	$\varepsilon_{23} = \varepsilon_{32} = \gamma/2$	$C_{44}/2$
	5	$\varepsilon_{13} = \varepsilon_{31} = \gamma/2$	$C_{55}/2$
	6	$\varepsilon_{12} = \varepsilon_{21} = \gamma/2$	$C_{66}/2$
	7	$\varepsilon_{11} = \varepsilon_{22} = \gamma$	$C_{11}/2 + C_{12} + C_{22}/2$
	8	$\varepsilon_{22} = \varepsilon_{33} = \gamma$	$C_{22}/2 + C_{23} + C_{33}/2$
	9	$\varepsilon_{11} = \varepsilon_{33} = \gamma$	$C_{11}/2 + C_{13} + C_{33}/2$
	10	$\varepsilon_{13} = \varepsilon_{31} = \varepsilon_{12} = \varepsilon_{21} = \gamma/2$	$C_{44}/2 + C_{45} + C_{55}/2$
	11	$\varepsilon_{11} = \gamma,\ \varepsilon_{12} = \varepsilon_{21} = \gamma/2$	$C_{11}/2 + C_{16} + C_{66}/2$
	12	$\varepsilon_{22} = \gamma,\ \varepsilon_{12} = \varepsilon_{21} = \gamma/2$	$C_{22}/2 + C_{26} + C_{66}/2$
	13	$\varepsilon_{11} = \gamma,\ \varepsilon_{23} = \varepsilon_{32} = \gamma/2$	$C_{11}/2 + C_{14} + C_{44}/2$
	14	$\varepsilon_{11} = \gamma,\ \varepsilon_{13} = \varepsilon_{31} = \gamma/2$	$C_{11}/2 + C_{15} + C_{55}/2$
	15	$\varepsilon_{22} = \gamma,\ \varepsilon_{23} = \varepsilon_{32} = \gamma/2$	$C_{22}/2 + C_{24} + C_{44}/2$
	16	$\varepsilon_{22} = \gamma,\ \varepsilon_{13} = \varepsilon_{31} = \gamma/2$	$C_{22}/2 + C_{25} + C_{55}/2$
	17	$\varepsilon_{22} = \gamma,\ \varepsilon_{23} = \varepsilon_{32} = \gamma/2$	$C_{33}/2 + C_{34} + C_{44}/2$
	18	$\varepsilon_{33} = \gamma,\ \varepsilon_{13} = \varepsilon_{31} = \gamma/2$	$C_{33}/2 + C_{35} + C_{55}/2$
	19	$\varepsilon_{23} = \varepsilon_{32} = \varepsilon_{12} = \varepsilon_{21} = \gamma/2$	$C_{44}/2 + C_{46} + C_{66}/2$
	20	$\varepsilon_{13} = \varepsilon_{31} = \varepsilon_{12} = \varepsilon_{21} = \gamma/2$	$C_{55}/2 + C_{56} + C_{66}/2$
各向同性介质	1	$\varepsilon_{11} = \gamma$	$C_{11}/2$
	2	$\varepsilon_{23} = \varepsilon_{32} = \gamma/2$	$(C_{11} - C_{12})/4$

注：未给出的应变张量均默认为 0。（$\rho_1 = 1/V_1$，V_1 是晶体形变后的体积）。

4.1.1 力学稳定性

同一种固体物质可以存在多种完全不一样的晶体结构。这些晶体结构对应的机械力学稳定性条件也是相应变化的。

立方晶系的机械力学稳定性判据为

$$(C_{11}-P)>0,\ (C_{44}-P)>0,\ (C_{11}-P)>|C_{12}+P|,$$
$$(C_{11}+2C_{12}+P)>0 \tag{4.1.43}$$

六角晶系的机械力学稳定性判据为

$$(C_{11}-P)>0,\ (C_{33}-P)>0,\ (C_{44}-P)>0,$$
$$(C_{11}-P)>|C_{12}+P|,\ (C_{11}+C_{12})(C_{33}-P)>2(C_{13}+P)^2$$
$$\tag{4.1.44}$$

四方晶系的机械力学稳定性判据为

$$(C_{11}-P)>0,\ (C_{33}-P)>0,\ (C_{44}-P)>0,$$
$$(C_{66}-P)>0,\ (C_{11}-C_{12}-2P)>0,$$
$$(C_{11}+C_{33}-2C_{13}-4P)>0, \tag{4.1.45}$$
$$(2C_{11}+2C_{12}+C_{33}+4C_{13}+3P)>0$$

正交晶系的机械力学稳定性判据为

$$(C_{11}-P)>0,\ (C_{22}-P)>0,\ (C_{33}-P)>0,$$
$$(C_{44}-P)>0,\ (C_{55}-P)>0,\ (C_{66}-P)>0,$$
$$(C_{11}+C_{22}-2C_{12}-4P)>0,\ (C_{11}+C_{33}-2C_{13}-4P)>0, \tag{4.1.46}$$
$$(C_{22}+C_{33}-2C_{23}-4P)>0,$$
$$(C_{11}+C_{22}+C_{33}+2C_{12}+2C_{13}+2C_{23}+3P)>0$$

单斜晶系的机械力学稳定性判据为

$$(C_{11}-P)>0,\ (C_{22}-P)>0,\ (C_{33}-P)>0,$$
$$(C_{44}-P)>0,\ (C_{55}-P)>0,\ (C_{66}-P)>0,$$
$$[C_{11}+C_{22}+C_{33}+2(C_{12}+C_{13}+C_{23})+3P]>0,$$
$$(C_{33}-P)(C_{55}-P)>C_{35}^2,\ (C_{44}-P)(C_{66}-P)>C_{46}^2,$$
$$(C_{22}+C_{33}-2C_{23}-4P)>0,$$
$$(C_{22}-P)[(C_{33}-P)(C_{55}-P)-C_{35}^2]+2(C_{23}+P)C_{25}C_{35}$$
$$>(C_{23}+P)^2(C_{55}-P)+C_{25}^2(C_{33}-P),$$
$$2C_{15}C_{25}[(C_{33}-P)(C_{12}+P)-(C_{13}+P)(C_{23}+P)$$
$$+2C_{15}C_{35}[(C_{22}-P)(C_{13}+P)-(C_{12}+P)(C_{23}+P)]$$
$$+2C_{25}C_{35}[(C_{11}-P)(C_{23}+P)-(C_{12}+P)(C_{13}+P)]$$

$$-[C_{15}^2(C_{22}-P)(C_{33}-P)-(C_{23}^2+P)^2]$$
$$-[C_{25}^2(C_{11}-P)(C_{33}-P)-(C_{13}^2+P)^2]$$
$$-[C_{35}^2(C_{11}-P)(C_{22}-P)-(C_{12}^2+P)^2]$$
$$+(C_{55}-P)[(C_{11}-P)(C_{22}-P)(C_{33}-P)-(C_{11}-P)(C_{23}+P)^2$$
$$-(C_{22}-P)(C_{13}+P)^2-(C_{33}-P)(C_{12}+P)^2$$
$$+2(C_{12}+P)(C_{13}+P)(C_{23}+P)]>0$$

$$(4.1.47)$$

将计算得出弹性常数 C_{ij} 代入以上对应公式(零压下 $P=0$),若条件全满足,则可证明该晶体结构的机械力学稳定性。

4.1.2　弹性模量

晶体材料的弹性模量主要有三种:体弹模量 B、剪切模量 G 及杨氏模量 E。下面我们将详细介绍一下以上三个模量。其中,体弹模量 B 可反映各向同性均匀物质结构的不可压缩性,与单位面积受到的力有关;剪切模量 G 为剪切应力与剪切应变之比,反映了物质结构阻碍外界切应变的能力;杨氏模量 E 为纵向应力与纵向应变之比(或称为正应力与正应变之比),表征晶体材料在弹性限度内抗压、抗拉的能力。G 和 E 越大,晶体材料的刚性越强,越不容易变形,反之越弱。也就是说,G 和 E 能够代表使晶体材料发生剪切变形与纵向变形的难易程度。

通过计算晶体结构的弹性模量可以预测晶体结构的弹性性质。1985 年,Voigt 和 Reuss[52]用 Voigt-Reuss-Hill 均值方法来计算晶体结构的体积模量 B 及剪切模量 G,公式如下:

$$B=(B_V+B_R)/2 \qquad (4.1.48)$$
$$G=(G_V+G_R)/2 \qquad (4.1.49)$$

其中:下标 V 和 R 分别表示 Voigt 和 Reuss 边界。

对于立方晶系,

$$B_V=B_R=(C_{11}+2C_{12})/3 \qquad (4.1.50)$$
$$G_V=(C_{11}-C_{12}+3C_{44})/5 \qquad (4.1.51)$$
$$G_R=5(C_{11}-C_{12})C_{44}/[4C_{44}+3(C_{11}-C_{12})] \qquad (4.1.52)$$

对于六角晶系,

$$B_V=(1/9)[2(C_{11}+C_{12})+4C_{13}+C_{33}] \qquad (4.1.53)$$
$$B_R=C^2/M \qquad (4.1.54)$$
$$G_V=(1/30)(M+12C_{44}+12C_{66}) \qquad (4.1.55)$$
$$G_R=(5/2)[C^2C_{44}C_{66}]/[3B_VC_{44}C_{66}+C^2(C_{44}+C_{66})] \qquad (4.1.56)$$

其中：

$$C_{66} = (C_{11} - C_{12})/2 \tag{4.1.57}$$

$$M = C_{11} + C_{12} + 2C_{33} - 4C_{13} \tag{4.1.58}$$

$$C^2 = (C_{11} + C_{12})C_{33} - 2C_{13}^2 \tag{4.1.59}$$

对于四方晶系，

$$B_V = (1/9)[2(C_{11} + C_{12}) + 4C_{13} + C_{33}] \tag{4.1.60}$$

$$B_R = 1/[2(S_{11} + S_{12}) + 4S_{13} + S_{33}] \tag{4.1.61}$$

$$G_V = (1/15)(2C_{11} - C_{12} - 2C_{13} + C_{33} + 6C_{44} + 3C_{66}) \tag{4.1.62}$$

$$G_R = 15/(8S_{11} - 4S_{12} - 8S_{13} + 4S_{33} + 6S_{44} + 3S_{66}) \tag{4.1.63}$$

其中：

$$S_{11} + S_{12} = C_{33}/C \tag{4.1.64}$$

$$S_{11} - S_{12} = 1/(C_{11} - C_{12}) \tag{4.1.65}$$

$$S_{13} = -C_{13}/C \tag{4.1.66}$$

$$S_{33} = (C_{11} + C_{12})/C \tag{4.1.67}$$

$$S_{44} = 1/C_{44} \tag{4.1.68}$$

$$S_{66} = 1/C_{66} \tag{4.1.69}$$

$$C = (C_{11} + C_{12})C_{33} - 2C_{13}^2 \tag{4.1.70}$$

对于正交晶系，

$$B_V = (1/9)[C_{11} + C_{12} + C_{33} + 2(C_{12} + C_{13} + C_{23})] \tag{4.1.71}$$

$$B_R = 1/[S_{11} + S_{22} + S_{33} + 2(S_{12} + S_{13} + S_{23})] \tag{4.1.72}$$

$$G_V = (1/15)(C_{11} + C_{22} + C_{33} - C_{12} - C_{13} - C_{23} + 3C_{44} + 3C_{55} + 3C_{66}) \tag{4.1.73}$$

$$G_R = 15/[4(S_{11} + S_{22} + S_{33}) - 4(S_{12} + S_{13} + S_{23}) + 3(S_{44} + S_{55} + S_{66})] \tag{4.1.74}$$

其中：

$$S_{11} = (C_{23}^2 - C_{22}C_{33})/C \tag{4.1.75}$$

$$S_{12} = (C_{12}C_{33} - C_{13}C_{23})/C \tag{4.1.76}$$

$$S_{13} = (C_{13}C_{22} - C_{12}C_{23})/C \tag{4.1.77}$$

$$S_{22} = (C_{13}^2 - C_{11}C_{33})/C \tag{4.1.78}$$

$$S_{23} = (C_{11}C_{23} - C_{12}C_{13})/C \tag{4.1.79}$$

$$S_{33} = (C_{12}^2 - C_{11}C_{22})/C \tag{4.1.80}$$

$$S_{44} = 1/C_{44} \tag{4.1.81}$$

$$S_{55} = 1/C_{55} \tag{4.1.82}$$

$$S_{66} = 1/C_{66} \qquad (4.1.83)$$

$$C = C_{13}^2 C_{22} - 2C_{12} C_{13} C_{23} + C_{23}^2 C_{11} + C_{12}^2 C_{33} - C_{11} C_{22} C_{33} \qquad (4.1.84)$$

对于单斜晶系，

$$B_V = (1/9)[C_{11} + C_{22} + C_{33} + 2(C_{12} + C_{13} + C_{23})],$$

$$\begin{aligned} B_R = \Omega[&a(C_{11} + C_{22} - 2C_{12}) + b(2C_{12} - 2C_{11} - C_{23}) \\ &+ c(C_{15} - 2C_{25}) + d(2C_{12} + 2C_{23} - C_{13} - 2C_{22}) \\ &+ 2e(C_{25} - C_{15}) + f]^{-1}, \end{aligned}$$

$$\begin{aligned} G_V = (1/15)[&C_{11} + C_{22} + C_{33} + 3(C_{44} + C_{55} + C_{66}) \\ &- (C_{12} + C_{13} + C_{23})], \end{aligned}$$

$$\begin{aligned} G_R = 15\{&4[a(C_{11} + C_{22} + C_{12}) + b(C_{11} - C_{12} - C_{23}) \\ &+ c(C_{15} + C_{25}) + d(C_{22} - C_{12} - C_{23} - C_{13}) \\ &+ e(C_{15} - C_{25}) + f]/\Omega + 3[g/\Omega \\ &+ (C_{44} + C_{66})/(C_{44} C_{66} - C_{46}^2)]\}^{-1}, \end{aligned}$$

$$a = C_{33} C_{55} - C_{35}^2, \qquad b = C_{23} C_{55} - C_{25} C_{35}, \qquad c = C_{13} C_{35} - C_{15} C_{33},$$

$$d = C_{13} C_{55} - C_{15} C_{35}, \qquad e = C_{13} C_{25} - C_{15} C_{23},$$

$$\begin{aligned} f = &C_{11}(C_{22} C_{55} - C_{25}^2) - C_{12}(C_{12} C_{55} - C_{15} C_{25}) \\ &+ C_{15}(C_{12} C_{25} - C_{15} C_{22}) + C_{25}(C_{23} C_{35} - C_{25} C_{33}), \end{aligned}$$

$$g = C_{11} C_{22} C_{33} - C_{11} C_{23}^2 - C_{22} C_{13}^2 - C_{33} C_{12}^2 + 2C_{12} C_{13} C_{23},$$

$$\begin{aligned} \Omega = 2[&C_{15} C_{25}(C_{33} C_{12} - C_{13} C_{23}) + C_{15} C_{35}(C_{22} C_{13} - C_{12} C_{23}) \\ &+ C_{25} C_{35}(C_{11} C_{23} - C_{12} C_{13})] - [C_{15}^2(C_{22} C_{33} - C_{23}^2) \\ &+ C_{25}^2(C_{11} C_{33} - C_{13}^2) + C_{35}^2(C_{11} C_{22} - C_{12}^2)] + g C_{55}. \end{aligned}$$

$$(4.1.85)$$

将计算得到的体积模量与剪切模量代入下式，即可得到对应晶体结构的杨氏模量。

$$E = \frac{9BG}{3B + G} \qquad (4.1.86)$$

4.2　弹性性质

4.2.1　韧脆性

根据晶体结构的体积模量与剪切模量还可以得到晶体结构的泊松比，其大小定义为横向应变与纵向应变的绝对值比值，可反映物质结构抵抗外力而发生横向变形的能力，对应公式如下：

$$\sigma = \frac{3B - 2G}{6B + 2G} \tag{4.2.1}$$

在 Frantsevich 等人[53]的理论中，利用泊松比值可以很快判断出物质结构的韧脆性。若 $\sigma < 1/3$，物质结构就为脆性，若 $\sigma > 1/3$，物质结构就为韧性。另外，Pugh[54]认为通过晶体结构的体弹模量 B 与剪切模量的比值 G 亦可判断晶体结构的韧脆性。当比值 $B/G < 1.75$ 时，晶体材料为脆性，反之，则为韧性。另外，通过比较 σ 及 B/G 的值，可以进一步验证计算的准确性。

4.2.2　弹性各向异性

弹性各向异性在不同的结晶学方向上可以反映不同的成键性质，它与材料中诱发微裂纹的可能性有关。通过研究晶体结构的弹性各向异性可以了解提高晶体材料机械性能持久性的机制，因此在工程科学和晶体物理学中，研究晶体结构的弹性各向异性具有非常重要的意义。剪切各向异性因子为不同平面原子间成键的各向异性程度提供了一定的依据。

对于立方晶系，剪切各向异性因子为

$$A = \frac{2C_{44}}{C_{11} - C_{12}} \tag{4.2.2}$$

若剪切各向异性因子计算得到的值为 1，说明该晶体结构是完全各向同性的，任何大于 1 或小于 1 的差值都代表弹性各向异性程度的增大。由于立方晶系结构在所有方向的线性体积模量都是相同的，因此仅剪切各向异性就足以描述弹性各向异性。但是对于其他晶系，弹性各向异性是由晶体的线性体积模量的压缩各向异性异性和剪切各向异性共同作用的结果。

对于六角晶系，沿 a 轴和 c 轴的线性体积模量可定义为

$$B_a = a\,\frac{\mathrm{d}P}{\mathrm{d}a} = \frac{\Lambda}{2 + \alpha} \tag{4.2.3}$$

$$B_c = c\,\frac{\mathrm{d}P}{\mathrm{d}c} = \frac{B_a}{\alpha} \tag{4.2.4}$$

其中：

$$\Lambda = 2(C_{11} + C_{12}) + 4C_{13}\alpha + C_{33}\alpha^2 \tag{4.2.5}$$

$$\alpha = \frac{C_{11} + C_{12} - 2C_{13}}{C_{33} - C_{13}} \tag{4.2.6}$$

其中：α 表示 c 轴随 a 轴变形而发生变化的函数。因此 $1/\alpha$ 表示 c 轴相对于 a 轴的线性压缩系数的各向异性，即

$$\frac{1}{\alpha} = \frac{B_c}{B_a} = \frac{C_{33} - C_{13}}{C_{11} + C_{12} - 2C_{13}} \tag{4.2.7}$$

当上述比值为 0 时，说明晶体表现为各向同性的可压缩性。另外，对于六角晶系结构，还经常通过弹性常数研究晶体结构的声压缩波和两种剪切波的各向异性。声各向异性可以描述为

$$\Delta i = \frac{M_i[n_x]}{M_i[100]} \tag{4.2.8}$$

其中：n_x 表示除[100]方向外的向外传播方向；i 表示三种弹性波：一种纵向偏振波，两种横向偏振波。通过求解方程[55]，可以得到纵波 ΔP（又称压缩波）和横波（ΔS_1 和 ΔS_2）的各向异性：

$$\Delta P = C_{33}/C_{11} \tag{4.2.9}$$

$$\Delta S_1 = (C_{11} + C_{33} - 2C_{13})/4C_{44} \tag{4.2.10}$$

$$\Delta S_2 = 2C_{44}/(C_{11} - C_{12}) \tag{4.2.11}$$

对于各向同性晶体，上述数值皆为 1，任何偏离都可表明各向异性的程度。另外，通过比较三个数值的大小，可以得知沿各个轴上原子成键的强弱。

对于四方晶系，晶体的剪切各向异性因子由各对称平面和轴的 A_- 和 A_+ 系数计算得到，公式如下：

$$A_-^{(010)\text{or}(010)} = [C_{44}(C_{11} + 2C_{13} + C_{33})]/(C_{11}C_{33} - C_{13}^2) \tag{4.2.12}$$

$$A_-^{(1\bar{1}0)} = C_{44}(C_L + 2C_{13} + C_{33})/(C_L C_{33} - C_{13}^2) \tag{4.2.13}$$

$$A_-^{(001)} = 2C_{66}/(C_{11} - C_{12}) \tag{4.2.14}$$

$$A_+^{[100],\,(010)} = 2C_{44}/(C_{11} - C_{13}) \tag{4.2.15}$$

$$A_+^{[001],\,(010)} = 2C_{44}/(C_{33} - C_{13}) \tag{4.2.16}$$

$$A_+^{[110],\,(1\bar{1}0)} = 2C_{44}/(C_L - C_{13}) \tag{4.2.17}$$

$$A_+^{[001],\,(1\bar{1}0)} = 2C_{44}/(C_{33} - C_{13}) \tag{4.2.18}$$

$$A_+^{[100],\,(001)} = 2C_{66}/(C_{11} - C_{12}) \tag{4.2.19}$$

其中：

$$C_L = C_{66} + (C_{11} + C_{12})/2 \tag{4.2.20}$$

四方晶系沿 a 轴和 c 轴的线性体积模量的公式为

$$B_a = a\frac{\mathrm{d}P}{\mathrm{d}a} = \frac{\Lambda}{2 + \alpha} \tag{4.2.21}$$

$$B_c = c\frac{\mathrm{d}P}{\mathrm{d}c} = \frac{B_a}{\alpha} \tag{4.2.22}$$

$$\frac{1}{\beta} = \frac{B_c}{B_a} = \frac{C_{33} - C_{13}}{C_{11} + C_{12} - 2C_{13}} \tag{4.2.23}$$

其中：

$$\Lambda = 2(C_{11} + C_{12}) + 4C_{13}\alpha + C_{33}\alpha^2 \qquad (4.2.24)$$

$$\alpha = \frac{C_{11} + C_{12} - 2C_{13}}{C_{33} - C_{11}} \qquad (4.2.25)$$

同样地，对于各向同性晶体，上述各项因子必定为 1，而任何小于或大于 1 的值都可用来度量晶体弹性各向异性的程度。

对于正交晶系，弹性各向异性因子有对于在 $\langle 011 \rangle$ 和 $\langle 010 \rangle$ 方向之间的 $\{100\}$ 剪切面的剪切各向异性因子 A_1，在 $\langle 101 \rangle$ 和 $\langle 001 \rangle$ 方向之间的 $\{010\}$ 剪切面的剪切各向异性因子 A_2，在 $\langle 110 \rangle$ 和 $\langle 010 \rangle$ 方向之间的 $\{001\}$ 剪切面的剪切各向异性因子 A_3，具体公式如下：

$$A_1 = \frac{4C_{44}}{C_{11} + C_{33} - 2C_{13}} \qquad (4.2.26)$$

$$A_2 = \frac{4C_{55}}{C_{22} + C_{33} - 2C_{23}} \qquad (4.2.27)$$

$$A_3 = \frac{4C_{66}}{C_{11} + C_{22} - 2C_{12}} \qquad (4.2.28)$$

a 轴相对于 b 轴的体积模量的各向异性及 c 轴相对于 b 轴的体积模量的各向异性可写为

$$A_{Bb} = \frac{B_a}{B_b} = \alpha \qquad (4.2.29)$$

$$A_{Bc} = \frac{B_c}{B_b} = \frac{\alpha}{\beta} \qquad (4.2.30)$$

其中：

$$B_a = a\frac{\mathrm{d}P}{\mathrm{d}a} = \frac{\Lambda}{1 + \alpha + \beta} \qquad (4.2.31)$$

$$B_b = b\frac{\mathrm{d}P}{\mathrm{d}b} = \frac{B_a}{\alpha} \qquad (4.2.32)$$

$$B_c = c\frac{\mathrm{d}P}{\mathrm{d}c} = \frac{B_a}{\beta} \qquad (4.2.33)$$

$$\Lambda = C_{11} + 2C_{12}\alpha + C_{22}\alpha^2 + 2C_{13}\beta + C_{33}\beta^2 + 2C_{23}\alpha\beta \qquad (4.2.34)$$

$$\alpha = \frac{(C_{11} - C_{12})(C_{33} - C_{13}) - (C_{23} - C_{13})(C_{11} - C_{13})}{(C_{33} - C_{13})(C_{22} - C_{12}) - (C_{13} - C_{23})(C_{12} - C_{23})} \qquad (4.2.35)$$

$$\beta = \frac{(C_{22} - C_{12})(C_{11} - C_{13}) - (C_{11} - C_{12})(C_{23} - C_{12})}{(C_{22} - C_{12})(C_{33} - C_{13}) - (C_{12} - C_{23})(C_{13} - C_{23})} \qquad (4.2.36)$$

当多晶样品近似为单晶时，α 和 β 与晶体的弹性各向异性相耦合。对于这些参数，当数值为 1 时表示晶体表现为弹性各向同性，任何偏离 1 的值都表示晶体一定程度上的弹性各向异性。另外，Chung 和 Buessem[56]引入了弹性各向异性百分比这一概念，并将它作为一种测量弹性各向异性的方法。有关压缩和剪切各向异性百分比的公式如下：

$$A_B = \frac{B_V - B_R}{B_V + B_R} \tag{4.2.37}$$

$$A_G = \frac{G_V - G_R}{G_V + G_R} \tag{4.2.38}$$

当以上公式所得结果为 0 时，表示晶体是弹性各向同性，若不为 1，则表示弹性各向异性，值越小表示越小的弹性各向异性。

另外，Ranganathan 等人[57]提出了一种简便的方法来粗略地估算各种晶系结构的弹性各向异性，公式如下：

$$A^U = 5\frac{G_V}{G_R} + \frac{B_V}{B_R} - 6 \tag{4.2.39}$$

当 A^U 的值为 0 时，说明晶体为弹性各向同性，或者 A^U 的值越小，越接近于零，说明晶体越偏向于各向同性。

4.2.3　声速及德拜温度

利用弹性常数可以得到晶体在任意方向的声学波。由 Hill 方程[58]可以计算声学波的剪切模式和纵向模式，分别对应剪切波声速 v_s 和压缩波声速 v_p：

$$v_s = \sqrt{\frac{G}{\rho}} \tag{4.2.40}$$

$$v_p = \sqrt{\frac{3B + 4G}{3\rho}} \tag{4.2.41}$$

平均声速可由下式求出：

$$v_m = \left[\frac{1}{3}\left(\frac{2}{v_s^3} + \frac{1}{v_p^3}\right)\right]^{-1/3} \tag{4.2.42}$$

另外，在德拜的理论中，固体的振动被认为是弹性波，因此晶体结构的德拜温度与平均声速有关，其计算公式如下[59]：

$$\Theta = \frac{\hbar}{k_B}\left[\frac{3n}{4\pi}\left(\frac{N_A\rho}{M}\right)\right]^{1/3} v_m \tag{4.2.43}$$

其中：h、k_B、N_A、ρ、M 和 n 分别是普朗克常数、玻尔兹曼常数、阿伏伽德罗常数、密度、原胞的相对分子质量和原子数，且 $\rho = M/V$。

4.2.4　硬度

在工业上，硬度是非常重要的参数，它与材料的应用潜力密切相关。这一参数反映了物质结构对外界作用力的阻碍程度。鉴于直接测量硬度的局限性，而晶体材料的体积模量可表征材料的不可压缩性，剪切模量可反映材料抵抗剪切应变的能力，因此，在一定程度上，通过体积模量和剪切模量可以大概估算物质结构抵抗外界压力的程度。

1998 年，Teter[60] 发现材料的硬度与体积模量满足以下公式：

$$H_V = 0.151G \qquad (4.2.44)$$

2011 年 Chen[61] 等人发现材料的硬度与其体积模量及剪切模量有关系，并得出如下公式：

$$H_V = 2(k^2 G)^{0.585} - 3 \qquad (4.2.45)$$

其中：$k = G/B$。对于硬度较大的材料，通过上面公式得出的理论值与实验值相符合，而对于硬度较小的材料则可能会产生负值。随后，2012 年，Tian 等人[62] 通过实验观察、对比及推导修订了维氏硬度的计算公式：

$$H_V = 0.92k^{1.137}G^{0.708} \qquad (4.2.46)$$

然而，在事实上，硬度不同于体积模量或剪切模量，超硬材料的硬度本质上是由晶体材料的微观结构决定的，它与晶体材料单元面积的键数及成键强度有关。2003 年，Gao[63] 在第一性原理的基础上提出了一种利用 Mulliken 重叠布居数来计算晶体材料的硬度方法，公式如下：

$$H_V = \left[\prod^{\mu} (740(P^{\mu} - P')V_b^{\mu - 5/3})^{n^{\mu}} \right]^{1/\sum n^{\mu}} \qquad (4.2.47)$$

其中：P^{μ} 指一种键型的 Mulliken 重叠布居数（population）；μ 表示键型；P' 指金属性布居数（可由积分得到）；V_b^{μ} 指单个 μ 型键的体积密度；n^{μ} 指 μ 键型的个数。具体计算公式有：

$$P' = \frac{n_{\text{free}}}{V} \qquad (4.2.48)$$

$$n_{\text{free}} = \int_{E_P}^{E_F} N(E)\,dE \qquad (4.2.49)$$

$$V_b^{\mu} = \frac{(d^{\mu})^3}{\sum_v [(d^v)^3 N_b^v]} \qquad (4.2.50)$$

其中：n_{free} 代表单个原胞中自由电子的个数；V 表示代表晶体原胞的体积；E_F 指费米能级；E_P 指离费米能级最近的一个波谷；$N(E)$ 指费米能级处的电子态密度（DOS）；而 d^{μ} 为 μ 键型的键长；d^v 为 v 键型的键长；N_b^v 为晶体原胞体积中 v 键型的个数。这里单个 μ 型键的体积密度等于 μ 键型的体积除以各类键型的总体积。各类键型的体积等于各个键型的体积乘以该键型的个数。

第五章　计算程序及软件介绍

5.1　VASP

"Vienna Ab-initio Simulation Package（维也纳从头算模拟程序包）"简称 VASP，是基于平面波基组及投影缀加平面波法来执行量子力学-分子动力学模拟计算的程序包[64]。该程序以自由能为变量的局域密度近似为基础，可精确计算电子基态在每个分子动力学的步长内的瞬时值。由于离子与电子之间的相互作用用模守恒赝势（NCPP）、超软赝势（US-PP）或投影缀加波（PAW）方法来描述，极大地缩小了平面波数，因此加快了收敛速度并提高了计算精度。VASP 的主要功能为计算材料的电子结构、状态方程及力学、动力学、磁学性质等。

5.1.1　VASP 的安装

VASP 主要是在 Linux 系统下进行，以 VASP 4.6 版本为例，VASP 的安装文件包括：源代码 vasp. 4.6. tar. gz 和 vasp. 4. lib. tar. gz；数学库 LAPACK 和 BLAS 或 mkl 或 ATLAS 以及 Fortran 编译器。

编译安装前，需手动安装 Fortran 90 编译器、blas 库、标准 MPI。下面详细介绍一下 VASP 的标准安装步骤：

第一步：软件的编译安装。

这里选用 makefile 来编译安装。主要分为三个小步骤，分别为：上传文件，编译 vasp. 4. lib、编译 VASP 主程序。

（1）上传文件（也可以在 linux 系统下用命令自行下载安装）

上传 vasp. 4.6. tar. gz、vasp. 4. lib. tar. gz 和 benchmark. Hg. tar. gz 到/public/sourcecode

（2）编译 vasp. 4. lib

ⅰ. tar zxvf vasp. 4. lib. tar. gz

ⅱ. cd vasp. 4. lib

ⅲ. cp makefile. linux _ ifc _ P4　Makefile

ⅳ. 修改 Makefile

vimMakefile

19 行　FC＝ifc　改为 FC＝ifort

22 行　FFLAGS ＝-O0－FI 改为 FFLAGS ＝－O2－FI

Ⅴ.编译库文件

make

(3)编译 VASP 主程序

ⅰ.tar xvzfvasp. 4. 6. tar. gz

ⅱ.cdvasp. 4. 6

ⅲ.cp makefile. linux ＿ ifc ＿ P4 Makefile

ⅳ.修改 Makefile 文件

50 行　FC＝ifc 改为 FC＝ifort

102 行　OFLAG＝－O3－xW－tpp7 改为 OFLAG＝－O3－xhost－ip－funroll－loops

136 行　修改 blas 库的位置

对于 amd 平台，修改为

BLAS＝　/public/software/mathlib/goto2/libgoto2. a

对于 intel 平台 修改为如下 2 行

MKLHOME＝/public/software/intel/Compiler/11. 1/059/mkl/lib/em64t/

BLAS＝－L $（MKLHOME）－lmkl ＿ intel ＿ lp64－lmkl ＿ sequential－lmkl ＿ lapack－lmkl ＿ core

201 行　♯FC＝mpif77　改为 FC＝mpif90

202 行　♯FCL＝ $（FC）改为 FCL＝ $（FC）

211 行　去掉♯ 改为

CPP　　＝ $（CPP ＿)－DMPI　－DHOST＝\ "LinuxIFC \ "－DIFC \

212 行　去掉♯，并删除－Dkind8－DNGZhalf ，改为

－DCACHE ＿ SIZE＝4000－DPGF90－Davoidalloc \

213 行　去掉♯ 改为－DMPI ＿ BLOCK＝500　 \

233～235 行　去掉♯号，改为

LIB　　＝－L. . /vasp. 4. lib－ldmy　 \

　　. . /vasp. 4. lib/linpack ＿ double. o $（LAPACK） \

$（SCA) $（BLAS)

238 行 去掉♯号，改为

FFT3D　　＝ fftmpi. o fftmpi ＿ map. o fft3dlib. o

343 行

$(FC)-FR-lowercase-O1-tpp7-xW-prefetch--unroll0-e95-vec_report3-c $ * $(SUFFIX)$

改为 $(FC)-FR-lowercase-O2 -xhost -c $ * $(SUFFIX)$

Ⅴ．载入使用的 mpi 的环境变量

source /public/software/mpi/openmpi1.3.4-intel.sh

Ⅵ．编译

make

生成 vasp 文件即为可执行文件。

Ⅶ．复制可执行文件到/public/software 下

cp vasp /public/software/vasp/vasp-openmpi-ifort

第二步：手动运行 VASP。

ⅰ．准备算例，使用普通用户 test 运行算例

su- test

cp /public/sourcecode/benchmark.Hg.tar.gz ./

tar xvzfbenchmark.Hg.tar.gz

cd vasp.Hg

cpIN-short INCAR

ⅱ．载入使用的 mpi 的环境变量

source /public/software/mpi/openmpi1.3.4-intel.sh

ⅲ．手动运行 vasp

mpirun- np 32- machinefile ma /public/software/vasp/vasp- openmpi-ifort

ⅳ．建立运行脚本 run.sh，脚本内容为

mpirun- np 32- machinefile ma /public/software/vasp/vasp- openmpi-ifort

修改 run.sh 的权限为可执行：

chmod +x run.sh

第三步：使用 pbs 运行 VASP。

ⅰ．su- test

ⅱ．cd vasp.Hg

ⅲ．建立提交脚本 vasp.pbs 内容如下：

#PBS-N vasp

#PBS-l nodes=2：ppn=8

♯PBS－j oe

♯PBS－l walltime＝1000：00：00

cd ＄PBS＿O＿WORKDIR

NP＝'cat ＄PBS＿NODEFILE｜wc－l'

Mpirun-machinefile ＄PBS＿NODEFILE－np ＄NP/public/software/vasp/vasp－openmpi－ifort ＞&vasp.log

ⅳ. 提交作业，并查看是否正确运行

qsub vasp.pbs

qstat

5.1.2 主要输入文件

VASP 主要有四个输入文件，分别为：KPOINTS、POSCAR、POTCAR、INCAR。下面将着重介绍这四个文件：

5.1.2.1 INCAR

INCAR 文件是 VASP 输入文件中最重要的文件，有着指挥和操作的功能，并且包含了大量的参数。INCAR 采用的是关键字输入，格式较自由，并且大多数参数都有默认值。下面简单介绍一下各个参数。

SYSTEM：作业名称

NWRITE：输出信息的多少

ENCUT：截断能，默认值为从 POTCAR 读取

PREC：精确度选择，选项有：medium，high or low 或 normal，accurate

ISPIN：1 表示选择自旋极化计算，其余数字表示不选。

ISTART：当需要改变原胞几何结构，或者需要选择出最好的截断能时，该参数设为 1，意味着将从 WAVECAR 文件读入波函数，并通过坐标位置及 INCAR 文件进行改变。如若结果文件中没有出现 WAVECAR 文件，则该参数自动跳为 0，意味着开始新的作业，并且由 INIWAV 决定如何产生初始波函数；2 表示从 WAVECAR 文件读入波函数，即便原胞几何或截断能改变，波函数也不做调整，如若 WAVECAR 文件不存在，则 ISTART 将变为 0。当作业涉及原胞几何弛豫以及离子弛豫时，可选 2。

ICHARG：该参数决定了确定初始电荷密度的方法。当该参数是 0 时，意味着将由初始波函数开始求取电荷密度；若该参数是 2，则意味着将由原子电荷密度开始计算，并且一般在 ISTART 设为 0 时，才用此设置。

INIWAV：该参数决定了波函数的确定方法，并且仅在 ISTART 设置成 0 后，该参数才有用。0 表示从低能开始填波函数数组；1 表示用随机数来填波函数数组。

NELM：电子自洽过程中最多的迭代次数，一般选择默认值。

NELMIN：电子自洽过程中最少的迭代次数。在表面结构弛豫或分子动力学计算时应增加此变量。

NELMDL：决定第几步迭代开始不进行自洽处理，即第几步开始不改变体系的哈密顿量。

EDIFF：该参数涉及运行过程中可以出现的总能最小误差，默认是 10^{-4}。

EDIFFG：该参数决定什么情况下不再进行离子弛豫，默认为 10 倍的 EDIFF。

NSW：该参数决定运行过程中最多进行的离子弛豫步数，默认为 0。

IBRION：该参数决定了离子是否运动，并且会决定如何进行的这一运动。当 NSW 为 0 或 1 时，此设置为 -1，反之为 0。-1 意味着原地不动；0 为分子动力学模拟；1 为准牛顿法离子弛豫；2 为 CG 算法的离子弛豫，一般选择此设置；3 表示衰减二阶运动方程的弛豫。

POTIM：与 IBRION 的设置有关。当 IBRION 为 0 时，POTIM 必须由用户指定数值，表示离子运动的步长；当 IBRION 为 1、2、3 时，POTIM 表示作用在力上的比例系数。默认值为 0.5。

ISIF：该参数相对比较重要，因为涉及如何得到应力张量。具体情况见下表 5.1。

表 5.1　ISIF 的取值及含义

ISIF	计算力	计算应力张量	弛豫离子	改变原胞形状	改变原胞体积
0	是	是	是	否	否
1	是	trace only*	是	否	否
2	是	是	是	否	否
3	是	是	是	是	是
4	是	是	是	是	否
5	是	是	否	是	否
6	是	是	否	是	是
7	是	是	否	否	是

trace only*：表示只有总压强时，选择应力张量。

PSTRESS：表示外界是否对体系施加压力。若该参数不为 0，则在输入文件中应该设定应力张量，并且需要填加总能参数，如 $E=V\times PSTRESS$。

ISMEAR：该参数与电子的部分占据数的选择互相关联，这里有多种方法，默认为 1。−5 意味着选择的是 Bloch 校正的四面体方法，大块总能计算时选择此项；−4 则是不采用以上方法；−3 是对不同 ISMEAR 循环；−2 意味着在输入文件 INCAR 中寻找该参数，并在运行过程中维持该值；−1 为费米展开；0 为高斯展开；N 为 N 阶 Methfessel-Paxton，此时占据数可能为负数。

注意：当研究的体系属于比较庞大的结构时，这一参数设置为−5，然而这一选择意味着舍弃了部分变分计算，因为结果精度不是很理想。当这一体系是半导体时，误差不会很大。

SIGMA：表示展开的宽度，单位为 eV，默认值为 0.2。SIGMA 涉及做离子弛豫时的计算量，与收敛精度有关。一般 SIGMA 越小，计算量越大，精确度越高。

5.1.2.2 KPOINTS

KPOINTS 中涉及 K 点的坐标和权重及创建 K 点的网格大小，因此该文件中参数的设置与计算的精度互相关联。参数的设置可分为自动生成及手工输入。对于一些特殊的计算，如，要求 K 点是毫无特征的能带计算，通常情况下会选择第二种输入方式。第一种方法则只需要输入每个方向的布里渊区细分和 K 网格的原点（"位移"）。

Automatic generation：表示原胞结构的名称

0：该值表示自动生成

Monkhorst-Pack：表示自动生成的选择方法

4 4 4：表示网格尺寸

0.0 0.0 0.0：K 点相对于网格原点的平移

其中，第三行表示 K 点自动产生的方法，可以显示一个字符，"M 或 m"表示采用最初的 Monkhorst-Pack 网格，"G 或 g"则指 Monkhorst-Pack 网格的原点是 Γ 点。无论是"M 或 m"，还是"G 或 g"其网格的单位都是倒格矢，并且大小取决于尺寸的数值。文件中最后一行表示在网格中 K 点相对于原点的位移，一般为零。

5.1.2.3 POSCAR

POSCAR 文件包含晶格基矢和原子坐标。一般情况下，具有以下形式：

Cubic XY：表示原胞结构的名称

3.56：缩放因子（即晶格常数），此处亦可输入晶体原胞体积（记作$-V_0$）

```
0.0    0.5    0.5：晶胞基矢
0.5    0.0    0.5
0.5    0.5    0.0
1  1：每种原子的数目
Direct：所列原子坐标类型
0.00   0.00   0.00：原子坐标
0.25   0.25   0.25
```

以上涉及的物理量单位均为 Å（$1\text{Å}=10^{-10}\,\text{m}$，体积单位为 Å^3），第二行的缩放因子用于缩放所有晶格矢量和所有原子坐标（如果此处为负，则表示原胞的体积）。第六行的原子种类排序必须与其他文件（INCAR、POTCAR）中的一致。第七行表示原子坐标的类型，有 Cartesian 及 Direct 两种类型。Cartesian 表示原子坐标是直角坐标，如：

$$\boldsymbol{R}=a\begin{pmatrix}x_1\\x_2\\x_3\end{pmatrix} \tag{5.1.1}$$

其中：a 表示缩放因子；Direct 表示原子坐标是以晶胞基矢为单位，如

$$\boldsymbol{R}=x_1\boldsymbol{a}_1+x_2\boldsymbol{a}_2+x_3\boldsymbol{a}_3 \tag{5.1.2}$$

其中：$\boldsymbol{a}_i(i=1,2,3)$ 表示晶胞基矢。

5.1.2.4 POTCAR

POSCAR 文件包含各种原子的赝势，即核和芯电子对价电子的作用，另外，还包含原子的质量，原子价，原子组态的能量等。VASP 子目录下有各种原子的赝势，如果所研究的材料是化合物，则在子目录中可找到对应元素的赝势文件，再用 cat 命令将各元素按照 POSCAR 中的次序拼合起来即可，如：

cat POTCAR _ X POTCAR _ Y ＞ POTCAR

5.1.3 主要输出文件

5.1.3.1 OUTCAR

OUTCAR 呈现程序运行结束后涉及的绝大部分结果以及所有迭代计算的具体数据。以下罗列一些从 OUTCAR 中读取所需信息的命令。

（1）读取所计算晶体结构的体积：grep 'volume' OUTCAR

得到以下数据：

volume/ion in A，a. u. ＝45. 20   305. 03

volume of cell：90. 40

第一行所列晶体结构的体积单位分别为：$\text{Å}^3/\text{atom}$ 与 a. u. $^3/\text{atom}$。第二行

所列晶体结构的体积，单位是 $\mathring{A}^3$/unit cell。

（2）读取所计算晶体结构的总能：

若 ISMEAR 设定值等于 5，则 Free energy TOTEN 在数值上是等于 energy without entropy 的，输入命令：grep 'TOTEN' OUTCAR 窗口界面即会显示：free energy TOTEN＝－7.910804 eV 如果 ISMEAR 设定了其他参数，则上面两个数值结果就会不一样，输入命令：grep 'entropy＝' OUTCAR 得到以下数据：energy without entropy＝－7.910804 energy(sigma－＞0)＝－7.910804。在计算晶体结构的结合能时，晶体结构的总能等于 energy without entropy 的值。

（3）读取所计算晶体结构的倒格子基矢，输入命令：g/reciprocal lattice vectors 或 g/recip。

（4）读取所计算晶体结构的原子受力（单位为 eV/angstrom），输入命令：g/TOTAL－FORCE。

5.1.3.2　CONTCAR

每步离子弛豫后，作业结尾都会编写一个 CONTCAR 文件。此文件具有有效的 POSCAR 格式，可用于"延续"作业。对于分子动力学计算（IBRION＝0），CONTCAR 包含下一个作业所需的实际坐标、速度以及预测校正坐标；对于弛豫作业，CONTCAR 中包含了弛豫的最后一个离子的坐标。倘若运行后得不到收敛的结果，则运行之间最好将 CONTCAR 拷贝成 POSCAR(1)(2)(3)。在静态计算中，该文件与 POSCAR 一致。

5.1.3.3　DOSCAR

DOSCAR 文件中包含 DOS 和集成 DOS（单位为/eV. unit cell）。对于动态模拟和松弛，将平均 DOS 和平均集成 DOS 写入文件。运行前需要在 INCAR 文件中输入 RWIGS 以及 LORBIT 的参量。

注意：对于松弛，DOSCAR 一般没有任何用途。若想运行得出满意的 DOS，需要提前将 CONTCAR 拷贝为 POSCAR，然后设置参数 ISTART＝1；NSW＝0，即进行一次静态计算。

5.1.3.4　CHG 和 CHGCAR

CHG 和 CHGCAR 皆是电荷密度文件，并且这两个文件在格式和内容上完全相同，文件中具体罗列出了原胞基矢、原子位置及电荷密度的等值。

注意：由于写入文件 CHGCAR 的电荷密度不是 CONTCAR 文件上位置的自洽电荷密度，因此在动态模拟（IBRION＝0）之后，不要直接执行带结构计算（ICHARG＝11）。

5.1.3.5　EIGENVALUE

在静态或弛豫计算中，该文件包含了得到的全部 K 点的 Kohn-Sham 本征值。对于动态仿真(IBRION＝0)，文件上的特征值通常是预测下一步的特征值，即文件与 CONTCAR 兼容。对于静态计算和松弛(IBRION＝－1，1，2)，特征值是最后一步的 KS 方程的解。

注意：对于动态模拟(IBRION＝0)，特征文件包含与 contcar 兼容的预测波函数。若要采用特征值进行其他的计算，需要先将 CONTCAR 拷贝到 POSCAR 中，并创建另一个静态(ISTART＝1；NSW＝0)继续运行 ICHARG＝1。

5.1.3.6 PROCAR

对于静态计算，PROCAR 文件包含每个波段的 spd－和 site 投影波函数特征。通过将波函数投影到每个离子周围半径为 RWIGS 的球内非零的球面谐波上，计算出波函数特性。

注意：RWIGS 必须在 INCAR 文件中指定，才能获得该文件；如果 NPAR＝1，则在并行版本中不计算每个波段的 spd－和 site 投影特性。

5.2　Materials Studio

Materials Studio(简称 MS)是一个灵活的客户端-服务器软件环境，它可以在 Windows XP/Vista 和 Linux 服务器下运行高级计算，并直接将计算结果发送到桌面。Materials Studio 用户界面符合 Microsoft 标准，允许我们与 3D 图形模型交互，并且可以通过任何 Windows 用户都熟悉的简单对话框设置参数及分析计算结果。Material Studio 的核心产品是 Materials Visualizer，它可以让我们轻松地组合以及操作各种物质结构，包括大块化学分子、表层及内部复杂的生物分子以及各种结构错综复杂的聚合物。另外，该产品还可以非常快捷地把数据结果以图像的形式显示出来，让使用者很好地控制或管理数据结果。

Materials Studio 具备全套的构建物质结构模型，视觉上真实地反映了物质内部的微观构成，这使得科研工作者深入研究和探索晶体结构的内部作用及性质变得极其方便，在一定程度上，Materials Studio 促进了科研工作者研发设计出各种全新的、功能优异的、经济有效的新型材料，包括药品、催化剂、聚合物和复合材料、金属和合金、电池和燃料电池等等，而这比单独测试和实验更快和更有效。

Materials Studio 具有多达 23 个功能模块，使用者可以看到简洁明了的应用图标，可使快速有效地进行条件设置、分子结构重塑及计算数据的视觉化读取。利用这一平台，小到探索原子内部构成，大到分析晶体结构的物理性质，是一个全尺度的科研应用工具。下面我们主要介绍利用有关量子力学的 CASTEP 功能模块进行计算和分析的过程。

5.2.1 关于 CASTEP

CASTAP 是主要针对凝聚态物质研究而开发的量子力学功能模块。它是基于 DFT 中的平面波赝势方法来进行的量子力学计算[65]。CASTAP 主要用来研究诸如各种有机或无机晶体、导体或半导体的晶体结构和物理性质，其中最经典的探索内容有原子成键、态密度及机械稳定性能等；还可以用来探索物质材料的电荷密度及波函数。

打开 Material Studio 程序，紧接着依次点击 Modules → CASTEP → Calculation/Analysis 即可运行，分析和监测 CASTAP 的服役工作。

Calculation 主要用于有关计算的参数设置、作业控制和文档控制；Analysis 则用来显示及分析 CASTAP 的作业结果，这些作业有：键结构图、弹性常数、态密度图及光学性质图等。

其中，计算任务有单点能量任务、几何优化任务及性质任务等，这几种任务可分别对应不同的物理性能。CASTAP 还有一个附加的性质任务，通过选择不同的性质任务，我们可以重新开启已经完成的计算任务或者进行开始时不需要设置其他附加任务。操作步骤具体如下：

(1)结构定义：由于 CASTAP 只能在晶体结构的 3D 模型文件上进行计算，因此计算前必须构建超单胞。这里有很多方法来构建晶体结构(以 Fe 为例)：①File→Import→3D model→Fe. xsd，同理，我们还可以针对其他晶体来选择 Material Studio 文档库中已经存在的结构文档；②修正已经保存的晶体结构；③手工输入晶体结构。由于这一功能模块运行耗费的时间与晶体结构的原子数互相关联，因此这里建议在晶体结构构建完成后，需要检查该晶体结构是否已经转换成了包含最少原子数的原胞结构，具体步骤为：依次点击 Build→Symmetry→Primitive Cell。

(2)计算设置：确定了有关晶体结构的 3D 原胞模型文件后，需要进行相关的任务类型及参数设置，最后我们还需要适当选择运行作业时需要的 CPU 核数。

(3)结果分析：CASTAP 作业运行完成后，其作业文档将会显示在用户的项目面板上。通过 Analysis 选项可以进一步观察及分析物质材料的相关性质。

5.2.1.1 能量任务

CASTAP 的能量任务主要是计算晶格原胞的总能量及各种性质。在确定一些性质的情形下，还能够研究不存在内部自由度的高对称性晶体结构的物态方程，如压力-体积关系的方程及能量-体积关系的方程。需要说明的是，对于具有内部自由度的晶体结构，我们可以结合优化任务及 EOS 程序得知对应物质结构在一定温度或压强条件下的状态方程。凡是在这一任务中涉及的能量单位均为电

子伏特(eV)，在其他程序中经常采用的还有原子单位 Hartree，1 Hartree＝
$4.35974417(75)\times10^{-18}$ J＝27.2113845(23) eV。

CASTAP 的能量任务完成后，作业报告中会显示体系总能量的数据。除此
之外，作业报告内容中还包含计算中各个 K 点的电子能量、作用在各个位置的
张力以及构造的电荷密度。根据可视化功能，我们可以观察体系电荷密度的三维
分布，还可以通过点击 Analysis 将电荷密度文件生成态密度图。

5.2.1.2 几何优化任务

几何优化任务实质是通过变换晶体的几何结构来获得体系的最平衡状态。该
过程实质上是一个计算迭代的过程。运行过程中，原子坐标及结构参数会一直不
断变化，最终使得体系的结构总能达到最低值。其工作的原理是通过反复降低作
用力及其对应的数量级，最终使得这一数值满足最初设置的收敛误差。当体系受
到一定的外部压力时，CASTAP 将会反复迭代内部应力直到等于外部受到的压
力值。

系统默认条件下，CASTAP 采用的是 Brodyden-Fletcher-Goldfarb-Shanno[66]（简
称 BFGS），这一几何优化方法。BFGS 给出了搜索存在最小能量结构的便捷手段，
并且是这一功能模块中对单胞完成优化的仅有途径。其他常见的几何优化方法还有
衰减分子动力学法，它与 BFGS 都适用于具有平滑势能的表面体系。

当晶体体系受到一定的外加静压力时，可以在几何优化附加的施力窗口中输入
对应的施加压力值，当任务全部计算完成后便可在作业报告中得到该体系的原胞在
该压力下的体积及能量。通过对比发现，CASTAP 几何优化得到的 P-V 数据与实
验结果很是近似一致。将此 P-V 数据代入三阶 Birch-Murnaghan 的物态方程，即可
得到晶体结构的体积模量 B 及体积模量对压力的一阶导数 $B'=\mathrm{d}B/\mathrm{d}P$。由于这里
的 B 与 B' 的大小与物态方程中 P-V 数据的范围互相关联，因此在 CASTAP 的几何
优化应力列表中输入的压力值应该与晶体体系在实验中获得的范围相一致，如在实
验室中测得的金刚石压砧可承受的外加压力不高于30GPa，那么在 CASTEP 的几何
优化这一块输入的压力值也不要超过这个尺度。另外，为了获得相对精确的体积模
量值，在理论研究中应该避免使用负压力值，在物质结构受力不是处处相等的情形
下，我们应尽量在小压力范畴内找到最符合要求的样品。

5.2.1.3 性质任务

CASTAP 性质任务是指在结束前面提到的任务后，再利用最初仿真运算中
得到的电荷密度和势能来分析得到晶体结构的电子及结构性质。在一些本征值的
计算过程中，该任务结合了非自治计算方法，是功能模块中附加的内容，主要包
括如下：

(1)态密度：Density of states，简称 DOS，是价带和导带的精细 Monkhorst-

Pack 网格上的电子本征值。

（2）带结构：Band structure 是价带和导带的布里渊区高对称性方向上的电子本征值。

（3）光学性质：Optical properties 是电子能带间转变的矩阵元素。作业结束后，通过点击 Analysis，可以生成显示光学性质的网格及图形文件。

（4）布居数分析：Population analysis 可以用来进行 Mulliken（布居数）分析。通过该任务可以得到原子电荷的键总数、角动量及态密度微分计算所需要的分量。

（5）应力：Stress，指计算应力张量，该结果可在 seedname. castep 文档内读取。

5. 2. 2　MS 的安装

如若 MS 是在计算集群上进行计算，则首先需要安装系统环境，如 RedHat Enterprise Linux 6. 1 x86 _ 64，普通账户为 msi。下面英文上方文字表示安装前应做的检查，英文部分为安装过程，加粗部分表示需要手动修改或选择，前面有标记"＊"的内容表示安装后可选配置。具体安装步骤如下：

（1）首先切换至 root 用户。

［msi@MSserver ～］＄ Su—

（2）检查主机名与 license 是否相符。

［msi@MSserver ～］＃ host name

MSserver

（3）若与 license 不符，则更改 network 文件。

［msi@MSserver ～］＃ vi /etc/sysconfig/network

NETWORKING＝yes

HOSTNAME＝MSserver

（4）检查 hosts 文件。

［root@MSserver msi］＃ vi /etc/hosts

127. 0. 0. 1 MSserver localhost localhost. localdomain localhost4

localhost4. localdomain4

：: 1　localhost localhost. localdomain localhost6 localhost6. localdomain6

在 127.0.0.1 后增加主机名 MS server，不要单独只写"127.0.0.1 MS server"。

（5）永久关闭防火墙。

［root@MSserver msi］＃ service iptables stop

[root@MSserver msi]# chkconfig——level 235 iptables off

(6)更改 SELinux 为 disabled。

[root@MSserver msi]# vi /etc/selinux/config

SELINUX= can take one of these three values：

enforcing— SELinux security policy is enforced.

permissive— SELinux prints warnings instead of enforcing.

disabled— No SELinux policy is loaded.

SELINUX=disabled

SELINUXTYPE= can take one of these two values：

targeted—Targeted processes are protected，

mls— Multi Level Security protection.

SELINUXTYPE=targeted

(7)检查系统要求库文件是否齐全。

[root@MSserver msi]# rpm—qa | grep glibc

glibc—common—2. 12—1. 25. e16. x86 _ 64

compat—glibc—2. 5—46. 2. x86 _ 64

glibc—2. 12—1. 25. e16. x86 _ 64

glibc—devel—2. 12—1. 25. e16. x86 _ 64

glibc—headers—2. 12—1. 25. e16. x86—64

compat—glibc—headers—2. 5—46. 2. x86—64

glibc—2. 12—1. 25. e16. i686

[root@MSserver msi]# rpm—qa— grep libgcc

libgcc—4. 4. 5—6. e16. x86—64

libgcc—4. 4. 5—6. e16. i686

[root@MSserver msi]# rpm—qa— grep libstdc ＋＋

Libstdc ＋＋— 4. 4. 5—6. a 16. x86 64

compat—libstdc ＋＋— 296—2. 96—144. e16. i686

compat—libstdc ＋＋— 33—3. 2. 3—69. e16. x86 _ 64

Libstdc ＋＋— devel—4. 4. 5—6. e16. x86 _ 64

要求这三个库文件的 32 位、64 位程序都安装，若无则从安装光盘中进行安装：

[root @ MSserver Packages] # rpm — ivh libstdc ＋ ＋ — 4. 4. 5 — 6. a l6. i686. rpm

warning：libstdc ＋ ＋ — 4. 4. 5 — 6. e16. i686. rpm：Header V3RSA/

SHA256 Signature，key ID

fd431d51：NOKEY

Preparing…＃＃＃＃＃＃＃＃＃＃＃＃＃＃＃＃＃＃＃＃＃＃＃＃＃［100％］

1：libstdc＋＋ ＃＃＃＃＃＃＃＃＃＃＃＃＃＃＃＃＃＃＃＃＃＃＃＃［100％］

（8）确认以上所有步骤后，重启服务器

［root@MSserver msi］＃ reboot

（9）重启后以普通用户登录，解压安装包 MaterialsStudio60. tgz

［msi@MSserver ～］$ tar xzvf MaterialsStudio60. tgz

MaterialsStudio60/

MaterialsStudio60/rpms/

……

（10）进入解压后的 Accelrys 文件夹，运行 install 命令进行安装，安装采用默认设置，回车下一步。

［msi@MSserver ～］$ cd MaterialsStudio60

［msi@MSserver MaterialsStudio60］$ ls

Info install lib LicensePack README _ Materials—Studio. htm rpms

［msi@MSserver MaterialsStudio60］$. /install

Performing per—user installation of Materials Studio 6. 0.

Restart this installation as root if you wish to perform an RPM — based installation.

Please enter the location in which to install Materials Studio 6. 0.

This is the location that will contain the MaterialsStudio6. 0 directory.

［/home/msi/Accelrys］

The Accelrys License Pack is required in order to run Materials Studio 6. 0.

Please enter the location of a License Pack installation，or an empty directory into which the License Pack will be installed.

［/home/msi/Accelrys］

/home/msi/Accelrys does not appear to contain a supported License Pack installation.

Would you like to

install it to that location? ［Y/n］

［Y］

Do you wish to start the Gateway service after installation? Answer no here if you wish to configure security settings before starting. (Y/n)

〔Y〕

Running LicensePack installation…

Initializing installShield Wizard……

Extracting Bundled JRE.

Installing Bundled JRE.

Verifying JVM.

Launching InstallShield Wizard……

/home/msi/MaterialsStudio60/LicensePack/lp－setup－linux. sh：

line 1735：warning：here－document at line 1735 delimited by end－of－file （wanted '/dev/null'）

Accelrys License Pack 7. 6. 7－ InstallShield Wizard

Welcome to the InstallShield Wizard for Accelrys License Pack 7. 6. 7

The InstallShield Wizard will install Accelrys License Pack 7. 6. 7 on your computer.

To continue，choose Next.

Accelrys License Pack 7. 6. 7

Accelrys Software Inc.

http：//www. accelrys. com

Press 1 for Next，3 to Cancel or 5 to Redisplay〔1〕

———————————————————————————————

Accelrys License Pack 7. 6. 7－ InstallShield Wizard

Accelrys License Pack 7. 6. 7 Install Location

Please specify a directory or press Enter to accept the default directory.

Destination Directory〔/home/msi/Accelrys〕

Press 1 for Next，2 for Previous，3 to Cancel or 5 to Redisplay〔1〕

———————————————————————————————

Accelrys License Pack 7. 6. 7－ InstallShield Wizard

Select the features for "Accelrys License Pack 7. 6. 7" you would like to install ：

Accelrys License Pack 7. 6. 7

To select/deselect a feature or to view its children，type its number：

1.〔x〕LicensePack

2.〔 〕Compatibility LicensePack

The Compatibility LicensePack is required for supporting Accelrys software shipped with License Packs 6. x or lower and to support IRIX and Solaris platforms. See License Pack documentation for complete list of Accelrys software supported by this License Pack.

Other options:

1879267795. Continue installing

Enter command [0]

Press 1 for Next, 2 for Previous, 3 to Cancel or 5 to Redisplay [1]

————————————————————————————————

Accelrys License Pack 7. 6. 7— InstallShield Wizard

Accelrys License Pack 7. 6. 7 will be installed in the following location:

/home/msi/Accelrys/LicensePack

with the following features:

LicensePack

for a total size:

154. 6 MB

Press 1 for Next, 2 for Previous, 3 to Cancel or 5 to Redisplay [1]

————————————————————————————————

Accelrys License Pack 7. 6. 7— Insta. llShield Wizard

Installing Accelrys License Pack 7. 6. 7.   Please wait…

| —————— | —————— | —————— | —————— |

0％ 25％50％ 75％ 100％

| | | | | | | | | | | | | | | | | | | | | | | | | | | | | | | | | | | |

Creating uninstaller…

Finalizing the Vital Product Data Registry. Please wait…

Configuring License Pack

————————————————————————————————

Accelrys License Pack 7. 6. 7— Insta. llShield Wizard

The InstallShield Wizard has successfully installed Accelrys License Pack 7. 6. 7. Choose Finish to exit the wizard.

Press 3 to Finish or 5 to Redisplay [3]

Running installation…

Running ConfigureMaterialsStudio. pl

Server configuration…

Morphology

DFTB

CSDMotif Search

Discover

DMol3

······

······

······

Polymorph

Sorption

FastDesc

MatServer

Mesocite

Server configuration complete

Starting gateway at MSserver：18888

/home/msi/Accelrys/MaterialsStudio6. 0/etc/Gateway/root－default/httpd/bin/apachectl

start：httpd started

Gateway start succeeded－ running as process 8010.

1）Enter temporary license password

2）Set connection to license server

3）List command line license administration tools

99）Finished with license configuration

Choose one of the above options：99

Exiting program

［msi@MSserver MaterialsStudio60］$

（11）回到 LicensePack 中复制 license，假设 license 放在用户根目录下。

［msi@MSserver MaterialsStndio60］$ cd

［msi@MSserver］$ cd Accelrys/LicensePack/Licenses/

［msi@MSserver Licenses］$ cp ～/msi. Lic. /

（12）手动创建 msi server. fil 文件，内容为 1715@主机名。

［msi@MSserver Licenses］$ vi msi _ Server. fll

1715@MSserver

（13）进入上一级目录中的 etc 文件夹启动 license 服务。

［msi@MSserver Licenses］$ cd .. /etc/

［msi@MSserver etc］$ ls

lp _ archiver　lp _ cshrc　lp env _ cleanup　lp _ lmenv　lp _ plat _ cshrc
lp _ server check　lp _ config　lp _ echovars　lp _ ldenv　lp _ mpi _ vars
　lp _ profile

［msi@MSserver etc］$. lp _ profile

［msi@MSserver etc］$ lp _ server－s

＊安装过程中默认开启 Gateway 服务，可将其添加至开机自启动列表。

［msi@MSserver etc］$ cd

［msi@MSserver etc］$ su

Password：

［root@MSserver msi］# cd Accelrys/MaterialsStndio6. 0/etc/Gateway/

［root @ MSserverGateway］# cp. /msgateway _ control _ 18888/etc/rc. d/
init. d/

［root@MSserver Gateway］# chkconfig－－add msgateway control 18888

＊也可将 License 服务添加至开机自启动服务中。

［root@MSserver Gateway］# vi /etc/rc. d/rc. local

#! /bin/sh

#

This script will be executed ＊after＊ all the other init scripts.

You can put your own initialization stuff in here if you don' t

want to do the full Sys V style init stuff.

touch /var/lock/subsys/local

. /home/msi/Accelrys/LicensePack/etc/lp _ profile

lp _ server－s

　　另外，因为 MS 还可以在电脑上进行安装，这样操作界面将非常方便。下面简单介绍一下安装步骤：

　　第一步：下载 MS 安装需要的软件包，如 Accelrys Materials Studio 5. 0. msi。

　　第二步：双击解压软件包。具体步骤：连续点击"Next"，直至出现"Install"，点击后，在新弹出的对话框中勾选"State Gateway"，再点击"Next"；在新弹出的对话框中勾选"Configure Licensing"，再点击"Finish"；在新弹出的对话框中勾选"For more options, start the license Administrator"，再点击"Next"；紧接着出现新的对话框，如图 5.1 所示。点击左侧的"Install License"，再通过"Browse..."，接下来寻找 Licenses 的存在位置，如通过目录：C：\ Program Files（x86）\ Accelrys \ LicensePack \ Licenses 发现在 Licenses 下有两个文件：msi. lic 和 msi _ server. fil。需

要注意的是，在选择之前，需要打开 msi.lic，将电脑服务器的名称进行修改，如根据个人电脑改成：SERVER ABCD。重新回到图 5.1 的对话框，通过"Browse..."找到 msi.lic 后单击，再点击"Install"，稍等片刻后，界面就会提示安装成功。

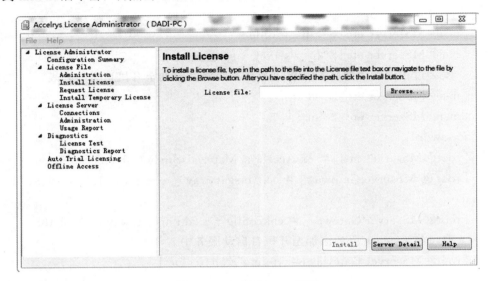

图 5.1　MS 的 License 安装

5.3　CALYPSO

"Crystal structure AnaLYsis by Particle Swarm Optimization" 简称 CALYPSO，是一种利用粒子群算法分析晶体结构的软件包[67]。这种计算方法只需要输入物质结构的化学成分、晶体结构参数、空间群等结构信息以及外在限制环境条件，如温度、压强等便可预测得出该物质在零温零压的理想条件下可能存在的稳定及亚稳定结构。

CALYPSO 是在晶体结构对称性的基础上，通过优化晶体结构搜索得出不同维度的原子配比，进而计算总能分析预测得出具有特殊性质的功能材料。该软件包是在寻找新型结构和设计多功能材料方面强有力的工具。

该软件包的主要特点如下：

(1)根据给定的化学成分和所需的外部条件预测块状材料、层状材料等的能量稳定/亚稳态结构。

(2)通过搜索和优化一个或多个指标参数设计新型功能材料。

(3)使用全局或局部粒子群算法对结构演化进行选择。

（4）通过在固定化学势下自动改变化学成分来预测结构。

（5）结合了已知的结构信息，如实验上测得的晶体结构参数、空间群或部分原子位置。

（6）CALYPSO 结合了 VASP、CASTEP、Quantum Espresso、GULP、SIESTA、CP2K 以及 Gaussian 这些程序来计算结构能量，当然还可以根据用户的要求结合其他程序来计算结构总能。

（7）在结构生成过程中引入了对称约束。

（8）设计了独特的几何结构参数来提高结构搜索效率。

（9）该软件包是用 Fortran 编写的，并且内存是动态分配的。

5.3.1　主要输入文件

CALYPSO 运行前工作目录中包含下列主要的文件：

input. dat：主要输入文件；

calypso. x：可执行文件；

submit. sh，getenth. py，contcar. py：一些可执行的 shell 脚本；

INCAR _ * and POTCAR：VASP 的输入文件。

晶体结构预测工作流如下：

1. 在 input. dat 文件中输入晶体结构的主要参数。

CALYPSO 的主输入文件命名为 input，其中包含结构搜索所需的所有参数。该文件由输入标记组成，这些标记可以按任意顺序给出，也可以在使用默认值时省略。下面是使用 CALYPSO 在 input. dat 中需要输入的基本参数介绍。

♯ A string of one or several words contain a descriptive name of the system (max. 40 characters).

SystemName ＝系统名称

♯ Number of different atomic species in the simulation.

NumberOfSpecies ＝原子种类的数目

♯ Element symbols of the different chemical species.

NameOfAtoms ＝元素符号

♯ Atomic Number of each chemical species.

AtomicNumber ＝原子序数

♯ Number of atoms for each chemical species in one formula unit.

NumberOfAtoms ＝原胞中的原子数

♯ The range of formula unit per cell in your simulation.

NumberOfFormula ＝晶格中原胞数目范围。第一个数字是原胞的最小数目，第二个数字是原胞的最大数目。

♯ The volume per formula unit. Unit is in angstrom^3.

Volume ＝原胞体积(单位为 Å^3)

♯ Minimal distance between atoms of each chemical species. Unit is in angstrom.

原子之间的最小距离，单位是埃，以矩阵的形式给出。

@DistanceOfIon

$d_{11}\ d_{12}$

$d_{21}\ d_{22}$(各个原子之间的键长)

@End

♯ It determines which algorithm should be adopted in the simulation.(模拟计算中的算法选择)

Ialgo ＝ 1

♯ Ialgo ＝ 1 for Global PSO(全局域算法)

♯ Ialgo ＝ 2 for Local PSO(布局域算法，一般选择此为默认值)

♯ The proportion of the structures generated by PSO.

PsoRatio ＝ 0.6(默认值)

♯ The population size. Normally，it has a larger number for larger systems.

PopSize ＝ 30(默认值)

♯ It determines which local optimization method should be interfaced in the simulation.

ICode＝局域优化方法选择(默认值为1)

♯ ICode＝ 1 interfaced with VASP

♯ ICode＝ 2 interfaced with SIESTA

♯ ICode＝ 3 interfaced with GULP

♯ The number of lbest for local PSO

NumberOfLbest＝4(默认值)

♯ The Number of local optimization for each structure.

NumberOfLocalOptim＝ 4(默认值)

♯ The precision of the K−point sampling for local optimization.

Kgrid ＝ 0.12 0.06(默认值)

♯ The command to perform local optimiztion calculation (e.g.，VASP，SIESTA) on your computer.(在程序中执行局域优化的命令)

Command ＝ sh submit.sh

♯ The Max step for iteration

MaxStep ＝迭代的最大次数，默认值为 50.

＃ If True，a previous calculation will be continued.

PickUp＝ F(默认值)

＃ At which step will the previous calculation be picked up.

PickStep ＝ 1(表示前面的计算将继续)

＃If True，the local optimizations performed by parallel

Parallel＝ F(选择局域优化方式是否为并行)

＃ The number node for parallel.

NumberOfParallel＝1(并行核数的选择)

＃＃＃＃＃＃＃＃＃＃＃＃＃＃End Basic Parameters ＃＃＃＃＃＃＃＃

(2)在当前目录下创建 4 个 INCAR 文件，如下所示。

INCAR _ 1：

SYSTEM ＝ local optimization

PREC＝LOW

IBRION＝2

ISIF＝2

NSW＝40

ISMEAR＝0；SIGMA＝0.05

POTIM＝0.50

EDIFF＝3e－2

＃Wave function and charge

LWAVE＝FALSE

LCHARG＝FALSE

ISTART＝0

＃Target Pressure

PSTRESS＝0.1

＃Crude optimization

EDIFFG＝－4e－2

SYMPREC＝1e－3

INCAR _ 2：

SYSTEM ＝ local optimization

PREC＝Normal

IBRION＝2

ISIF＝4

```
NSW=40
ISMEAR=0；SIGMA=0.05
POTIM=0.20
EDIFF=2e-2
# Wave function and charge
LWAVE=FALSE
LCHARG=FALSE
ISTART=0
# Target Pressure
PSTRESS=0.1
# Crude optimization
EDIFFG=-4e-2
INCAR_3：
SYSTEM = local optimization
PREC=Normal
IBRION=1
ISIF=3
NSW=40
ISMEAR=0；SIGMA=0.05
POTIM=0.1
EDIFF=2e-4
# Wave function and charge
LWAVE=FALSE
LCHARG=FALSE
# Target Pressure
PSTRESS=0.1
# Crude optimization
EDIFFG=2e-3
INCAR_4：
SYSTEM = local optimization
ENCUT=600
IBRION=2
ISIF=3
NSW=80
```

ISMEAR＝0；SIGMA＝0.05

POTIM＝0.1

EDIFF＝1e－5

♯ Wave function and charge

LWAVE＝FALSE

LCHARG＝FALSE

♯ Target Pressure

PSTRESS＝0.1

♯ Crude optimization

EDIFFG＝2e－5

注意：以上这四个 INCAR 文件分别对应不同的优化方式（ISIF），"PSTRESS"表示晶体结构预测中的目标压力的标签，在分子动力学中不可为零。INCAR_4 中增加了"ENCUT"参数，其应该是 POTCAR 中 ENMAX 的 1.3 倍左右。

（3）输入对应的 POTCAR，此处与计算程序 VASP 中的赝势文件完全一致。

（4）编辑可执行文件的脚本 submit.sh。

♯! /bin/sh

vasp.5.2.g(vasp 所在位置) ＞ out.vasp 2＞&1(输出文件所在目录)

注意：在 submit.sh 文件中，应该设置执行命令来运行 vasp 或其他本地优化代码。将权限授予 submit.sh 文件后，该脚本才可成为可执行文件，可输入命令：$ chmod ＋x submit.sh。

（5）执行命令 $ ./calypso.x ＞ caly.log &，或将此命令写入 pbs 文件并运行它。

5.3.2 主要输出文件

成功运行程序后，在任务完成时会在工作目录中生成几个 VASP 输出文件和一个命名为 results 的新目录。这个新目录包括以下文件：

CALYPSO.log：包含结构的信息（空间群数、体积、原子数等）

CALYPSO_input.dat：包含输入文件中的信息

similar.dat：包含预测结构的几何结构参数

pso_ini_*：包含 *−th 迭代步骤的初始结构信息

pso_opt_*：包含 *−th 迭代局部优化后的焓和结构信息

pso_sor_*：包含焓按 *−th 第一个迭代步骤的升序排列

struct.dat：包含所有结构的全部信息

运行完成后输入命令：$ cak.py，即可在 Analysis_Output.dat 文件中看到预测结构的熵，这些新的 cif 格式的预测结构文件可以在 dir _ 0.1 目录中找到。如：

Analysis _ Output. dat：

No.	Enthalpy	0.1
1 （ 20）	4. 52974	Fm－3m(225)
2 （ 19）	4. 53930	Fm－3m(225)
3 （ 12）	4. 54076	Fm－3m(225)
4 （ 5）	4. 54079	Fm－3m(225)
5 （ 2）	4. 54108	Fm－3m(225)
6 （ 8）	4. 54127	Fm－3m(225)
7 （ 6）	4. 89689	P4/mmm(123)
8 （ 14）	5. 03149	P4/mmm(123)
9 （ 17）	5. 03798	P4/mmm(123)
10 （ 15）	5. 03811	P4/mmm(123)
11 （ 18）	5. 03926	P4/mmm(123)
12 （ 11）	5. 05432	Pm－3m(221)
13 （ 9）	5. 39889	P－6m2(187)
14 （ 4）	5. 41196	P－6m2(187)
15 （ 1）	5. 48175	P－6m2(187)
16 （ 16）	9. 54947	P6/mmm(191)
17 （ 7）	9. 54947	P6/mmm(191)
18 （ 10）	9. 58455	P6/mmm(191)
19 （ 3）	NULL	NULL(0)
20 （ 13）	NULL	NULL(0)

该输出文件中包含有三列。第一列是按熵升序排序的结构的索引（括号中的数字表示计算中的初始序数）；第二列是相应结构的熵值；第三列是结构的生成类型（括号中的数字表示空间群号）。由以上例子可以得出该晶体结构在设置的外在条件下的最稳定结构为 Fm－3m(225)结构。

5. 4　VESTA

VESTA 是一个关于电子与结构分析的三维可视化系统软件，它可以通过球棒模型、空间填充模型、多面体模型、线框模型、棒模型、点表面模型和热椭球体模型等来表征晶体的结构[68]。通过 VESTA，我们可以从分数坐标、位元的占据态和氧化态等方面推断出物质晶体的化学信息；我们还可以将诸如电子和原子核密度、帕特森函数和波函数等的体积数据显示为等值面、鸟瞰图和二维图。通过与外部程序的协作，用户可以在"图形区域"中定位键和键角，模拟粉末衍射图形，计算位点电位和马德隆能量，还可以将实验测定的电子密度转换为拉普拉斯和电子能量密度。

VESTA 支持多个窗口，每个窗口可以有多个选项卡分配给图形页面；用鼠标点击标签可以切换两个或多个页面。每个页面显示的数据或设置可以保存在一个 * . vesta 格式的小文本文件中。VESTA 是高度可扩展的，在内存容量足够大的情况下，我们就能够处理实际有限数量的物体，如原子、键、配位多面体和等势面上的多边形。另外，所研究的对象还可以在三维空间中自由地快速旋转、缩放和平移。

VESTA 能够读取 38 种格式的文件，其中有 25 种是用于结构模型的格式，如 CIF、ICSD 和 PDB(蛋白数据库)等，其他 13 种则是用于结构和容量数据的格式。通过一些外加程序如 PRIMA、Superflip、GSAS 及 WinGX 等获得晶体结构的电子及电子核密度文件后，用 VESTA 打开，即可直接看到该晶体的结构图形及数据信息。晶体的结构数据在 VESTA 中可以以 11 种格式导出，比如 CIF 和 PDB，而容量数据可以以两种不同的格式导出。另外，VESTA 还可以导出 14 种图像格式的图形文件，包括 4 种矢量图形文件，具体格式信息请参看文献[69]。

图像边界指定为"截止平面"，每个截止平面都指定了 Miller 指数(hkl)和到原点的距离($0，0，0$)。当编辑图像的整体外观(背景、灯光、深度提示等)和对象的属性(颜色、材料、原子半径和键等)时，对话框中的变化会实时反映在"图形区域"中。VESTA 是一个功能很强大的晶体建模显示工具，下面我们将详细介绍一下 VESTA 的部分功能。

5.4.1　创建晶体原胞

在用 VESTA 创建晶体结构图之前需要掌握晶体结构的空间群序号及原子的 Wyckoff 坐标。例如，已知所要创建的晶胞是空间群序号为 227 的 Si，其原子的 Wyckoff 坐标为($0，0，0$)。具体步骤如下：

5.4.1.1　构建框架

打开 VESTA 程序，依次点击 File → New Structure → Unit cell → Space group，在 Space group 处设置空间群的序号为 227，按 Enter 键以后，Crystal system 处显示 Cubic，表明该空间群序号属于立方晶系。另外，我们还可以通过输入 Space group 下方 Setting 对应的数值来设置空间群序号等价的其他结构，然后在 Lattice Paramenters 处输入 Si 原子的键长为 5.43070 Å，最后点"OK"按钮。

5.4.1.2　输入原子信息

打开程序主页，依次点击 Edit → Edit Data → Structure Parametters... → New → Symbol，在 Symbol 处输入晶体结构中的元素 Si，Label 处输入该原子想要备注的名称 Si，紧接着就可以找到三个空白处，分别是 x，y 和 z，依次填写元素坐标即可。按同样的方法输入另外的原子种类及个数，最后点"OK"按钮。这时，主页便显示了该晶体结构的图示，在晶格结构图的下方，我们还可以查看晶胞中的原子数。

5.4.1.3　调节可视类型

回到程序主页，依次点击 Edit → Bonds → New，在 A1 及 A2 位置输入需要成键的原子，接着修改 Min. Length 及 Max. length 处的数据，表示成键的两原子间距在两者之间，最后点击"OK"按钮；若要将晶体结构以球棒模型、空间填充模型、多面体模型、线框模型、棒模型等形式显示时，需要在主页中点击"Style"按钮，选上对应的模型即可；另外，通过在主页中点击 Objects → Properties 还可以改变晶体结构的原子及原子键的显示颜色。

5.4.1.4　导出晶体结构图片

当以上步骤都完成后，回到程序主页，依次点击 File → Export Data，选择要导出的晶体结构的格式。常用的有 cif 格式及 vasp 格式。下面将简单介绍一下 vasp 格式导出后的内容说明，注意导出时可选择坐标输出的形式，有分数坐标和笛卡儿坐标两种。以下是 Si 结构以 vasp 格式导出的文件内容。

```
New structure
1.0
        5.4306998253        0.0000000000        0.0000000000
        0.0000000000        5.4306998253        0.0000000000
        0.0000000000        0.0000000000        5.4306998253
   Si
    8
Direct
    0.000000000        0.000000000        0.000000000
    0.000000000        0.500000000        0.500000000
    0.500000000        0.500000000        0.000000000
    0.500000000        0.000000000        0.500000000
    0.750000000        0.250000000        0.750000000
    0.250000000        0.250000000        0.250000000
    0.250000000        0.750000000        0.750000000
```

0.750000000   0.750000000   0.250000000

第一行为刚才创建的晶体结构的名称，不修改时即为 New structure；第二行是公约数，也可以成为是对晶格基矢的缩放系数。注意此处可以设置为晶格常数 a，也可以不做修改；当缩放系数不做修改时，显示为 1，下面的三行对应的就是原胞在三个坐标轴上的矢量，即基矢；第六行是元素种类；第七行是上面元素所对应的原子个数；第八行是显示原子坐标的方式；最后是各个原子的坐标。

导出的以上内容可直接作为 VASP 中的坐标输入文件 POSCAR。另外，可将以上坐标文件另存为其他程序可应用的文本格式以备所用。非常方便的是，我们还能够将以上坐标数据文件转换成物质原胞或晶胞结构的直观可视图片，只需依次点击 File → Export Vector Image（矢量图）或 File → Export Raster Image（普通图）。

5.4.2　创建超晶胞（supercell）

回到 VESTA 主界面，依次点击 Edit → Unit cell → Optio 即可显示指定的物质结构图片，紧接着窗口出现新的对话框，通过在 Rotation matrix P 位置填写一定的数值来改变晶格基矢的矩阵，改变同行同列的数据将意味着变为同方向的超晶胞。第一行第一列代表 x 方向；第二行第二列代表 y 方向；第三行第三列则代表 z 方向。当然，也可以同时改变这三个值或者其中任意两个，代表其他形式的超晶胞。另外，我们还可以调整晶胞边界，只需依次点击 Objects → Boundary → Ranges of fractional coordinates，输入指定数据即可。

5.4.3　显示电荷密度

VASP 的输出文件 CHGCAR 及 CHG 文件也可以用 VESTA 直接打开，打开后所显示的便是晶体结构的原子及电荷密度。关于电荷密度可以做如下调整：

（1）Objects → Properties → Isosurfaces → Isosurface level，适当调整数据后，即可显示漂亮的电荷密度等高线图。

（2）Utilities → 2D Data Display，这样窗口中就会出现电荷密度的二维图像，找到需要设置的晶面指数，在确定了想要研究的原子后，点击 Calculate the best plane for the selected atoms，即可获得选定晶面上对应原子的二维电荷密度。

（3）在 Edit → Lattice planes → New → Miller indices（hkl）处设置指定晶面的数据，即可获得晶体结构上指定晶面的 2D 电荷密度投影。

5.5　FINDIT

FINDIT 是一种在大规模自主异构的网络数据库中查找信息的软件[70]。利用 FINDIT 软件时，不需要通过先验知识来对数据库模式或信息空间定位信息。该系统依靠面向对象的技术来支持用户了解可用的信息空间，并帮助他们定位信息源。FINDIT 通过将用户及信息资源与实际操作相分离，将数据库的自主性与异构性相结合。为了保证信息的提取和封装，FINDIT 分为三部分，即用户服务器、数据库服务器和数据库。用户服务器面向满足用户的需求，而数据库服务器则负责管理数据库。

FINDIT 是一个数据库检索程序和可视化软件。Findit/ICSD 的第一个视图大致如图 5.2 所示。选择搜索图标"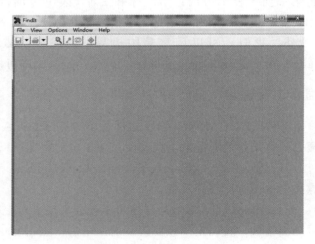"（唯一可用的活动图标）开始搜索数据库。打开 FINDIT 时，可以指定具有不同条件的搜索，有：Chemistry（化学元素）、Crystal Data（晶体数据）、Reduced Cell（约化区间）、Symmetry（对称性）、Reference（参考文献）五种搜索方式，按照方便性及通用性来看，通常我们是按照化学元素搜索的方式来使用 FINDIT 的。下面的步骤我们以 SnO_2 的搜索为例。

图 5.2　Findit 主页

点开 Chemistry 后，我们首先看到的是一个元素周期表，用鼠标依次点 Sn 元素及 O 元素，在 Element Count 一栏输入 2 to 2，点击窗口右下角的黄色"搜索"按钮就可以开始搜索了，一段时间后，搜索结果如图 5.3 所示，共找到 39 个符合搜索条件的结果，在结果视图中，同时显示的还有：CCode、Year、Space Group、Z、

Sum Formula、Unit Cell、Reduced Cell 七栏关于晶体结构的信息，点击不同的分类，晶体数据就按这一分类来显示，如点击 Year，搜索结果将按照年份降序排列。根据分类栏中简单的晶体数据，我们可以快速确定想要搜索的晶体数据。如，这里选择 2007 年 SnO_2 的 FM3－M 晶体结构，选中 157453 编码一栏，点击列表中的所有框，将在视图下侧显示晶体结构的详细信息；回到主页第一个视图，点击图标"　"，这时将出现在新的窗口显示选中的晶体结构图，如图 5.4 所示；选中黑色背景中右击，勾选"Copy"，即可粘贴至 word 文档，当然也可以依次点击 File → Save 来保存该可视文件。

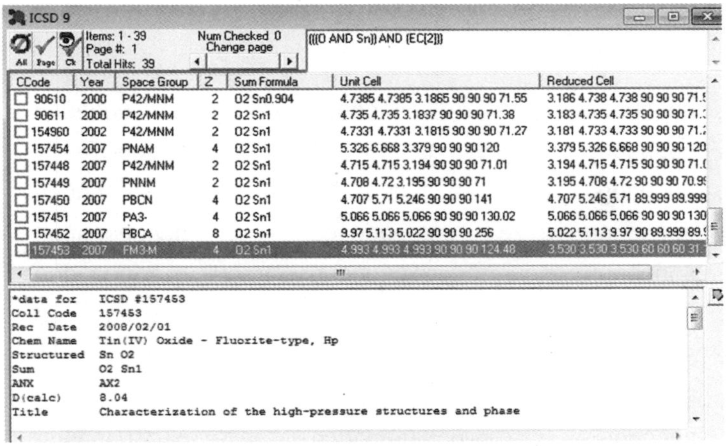

图 5.3　用 FINDIT 搜索 SnO_2

图 5.4　SnO_2 晶体结构图

　　FINDIT 还有一个重要的应用就是建模，因此常用的保存格式是 cif 格式。选中确定的数据后，还是回到主页视图，依次点击 File → Export Checked Long View，在出现的新窗口中，保存类型选择"CIF（＊.cif）"，输入要保存的文件名，选择存储目录后点击保存即可。将保存后的 SnO₂. cif 文件拖入 VESTA 程序中，再依次点击 File → Export Data → VASP，即可得到该晶体结构的 POSCAR 文件，内容如下所示：

```
O2 Sn1
1.0
        4.9930000305        0.0000000000        0.0000000000
        0.0000000000        4.9930000305        0.0000000000
        0.0000000000        0.0000000000        4.9930000305
    Sn      O
    4       8
Direct
    0.000000000        0.000000000        0.000000000
    0.000000000        0.500000000        0.500000000
    0.500000000        0.000000000        0.500000000
    0.500000000        0.500000000        0.000000000
    0.250000000        0.250000000        0.250000000
    0.750000000        0.750000000        0.750000000
    0.750000000        0.750000000        0.250000000
    0.250000000        0.250000000        0.750000000
    0.750000000        0.250000000        0.750000000
    0.250000000        0.750000000        0.250000000
    0.250000000        0.750000000        0.750000000
    0.750000000        0.250000000        0.250000000
```

以上内容可直接作为 VASP 的输入文件内容使用。

5.6　EOS

"Birch-Murnaghan equation of state[47]"又称为"有限应变物态方程"，其简称为"Finite strain EOS"，本书中称为 EOS。该程序结合 VASP 可以对物质原胞结构进行几何优化，同时也能够进一步完成多种状态方程的拟合，是一款非常简单易懂、操作方便的程序，对应的输入文件为 eos. in。

如下例：

"Silicon"：256 字符以下的晶体结构名称

2：晶体原胞中的原子数目

1：状态方程的类型

140.0 450.0 1000：绘制能量、压强等的体积间隔，以及图中点的个数

7：要输入的体积-能量点的数目

165.8207473－578.0660968：体积-能量点(原子单位)

196.8383062－578.1728409

231.5010189－578.2305598

270.0113940－578.2548962

312.5719400－578.2566194

359.3851654－578.2453281

410.6535788－578.2253154

466.5796888－578.2028836

注意：以上体积和能量的单位分别为 Bohr 和 Hatree。目前 EOS 可以进行以下拟合，对应输入文件中的状态方程类型：

(1)Universal EOS (Vinet P et al.，J. Phys.：Condens. Matter 1，p1941 (1989))

(2)Murnaghan EOS (Murnaghan F D，Am. J. Math. 49，p235 (1937))

(3)Birch － Murnaghan 3rd － order EOS (Birch F，Phys. Rev. 71，p809 (1947))

(4)Birch－Murnaghan 4th－order EOS

(5)Natural strain 3rd － order EOS (Poirier J － P and Tarantola A，Phys. Earth Planet Int. 109，p1 (1998))

(6)Natural strain 4th－order EOS

(7)Cubic polynomial in (V－V$_0$)

EOS 的输出文件有：PARAM. OUT，HPPAI. OUT，PVPAI. OUT，PVPAP. OUT，EVPAI. OUT，EVPAP. OUT。具体包含内容如下：

PARAM. OUT：包含 EOS 的参数 V_0，E_0，B_0，B_0'

HPPAI. OUT：包含每个原子在一定区间的焓-压强(左侧为压强，右侧为焓值)

PVPAI. OUT：包含每个原子在一定区间的的压强-体积(左侧为体积，右侧为压强)

PVPAP. OUT：包含每个原子在数据点的压强-体积(左侧为体积，右侧为压强)

EVPAI. OUT：包含每个原子在一定区间的能量-体积(左侧为体积，右侧为能量)

EVPAP. OUT：包含每个原子在数据点的能量-体积(左侧为体积，右侧为能量)

注意：若是得不到对应压强的焓值，或者对应压强的体积等，说明给出的 E-V 数值不足以拟合得到想要的值，需要扩展 E-V 数据。

5.7 GIBBS

GIBBS 又称吉布斯，可以通过一系列晶体原胞在不同压强下的体积对应的电子能量来预测晶体结构与温度或压强有关的热力学性质[42]。将 E-V 数据代入吉布斯(Gibbs)程序，Gibbs 利用 FITT 算法*在每个体积上(即不同的压强下)生成德拜温度，然后用相同的算法在给定压力和温度下最小化吉布斯能。Gibbs 可以选择性地拟合 Viner、Birch-Murnaghan 和 Spinodal EOS，并利用它们来预测德拜温度随体积(压强)的变化关系。

GIBBS 的输入文件为 sample. inp。

如下例：

XY：运算任务的名称

XY. out：输出文件的名称(若此处为空或者只有破折号，则将会用标准输出来代替)

2：分子式中的原子数

152.163046940575：分子的摩尔质量，单位为 g/mol 或 amu

−0.760686620850177：通过 E-V 数据计算出的最低能量值

0：指令函数的类型选择

0 0.288098898：热效应类型的选择；泊松比(前面数字为 0、2、3 时输入泊松比)

2 10.0 20.0：所需压强的个数；具体所需的压强数值

2 100.0 200.0：所需温度的个数；具体所需的温度数值

21：E-V 数据点的个数

120.57000821   −0.69824583：晶体原胞对应的体积(单位：bohr³/molecule)

123.58425842   −0.71184591：晶体原胞对应的电子能量(单位：hartree/molecule)

126.59850862   −0.72329669

129.61275883   −0.73283140

132.62700903   −0.74065573

135.64125924   −0.74695206

138.65550944   −0.75188322

141.66975965   −0.75559360

144.68400985   −0.75821144

147.69826006   −0.75985173

150.71251026	−0.76061744
153.72676047	−0.76060043
156.74101067	−0.75988347
159.75526088	−0.75854067
162.76951108	−0.75663833
165.78376129	−0.75423680
168.79801149	−0.75138911
171.81226170	−0.74814426
174.82651191	−0.74454631
177.84076211	−0.74063511
180.85501232	−0.73644624

注意：指令函数的类型有：0 表示 numerical EOS；1 表示 Vinet EOS；2 表示 Birch-Murnaghan EOS；3 表示 Vinet EOS，但是用 numerical EOS 计算 Θ；4 表示 Birch-Murnaghan EOS，但是用 numerical EOS 计算 Θ；5 表示 spinodal EOS；6 表示 spinodal EOS，但是用 numerical EOS 计算 Θ。热效应的类型有：0 表示通过静态体积模量得出的德拜温度来计算热效应；1 表示输出的 Θ 与输入的值一致；2 表示自洽方法中涉及的体积模量为绝热体积模量 B_T；3 表示自洽方法中涉及的是静态体积模量，它由静态平衡时的体积得到。

GIBBS 的输出文件为：sample. out

如下例：

gibbs─（P，T）thermodynamics of crystals from （E，V）data

(c)M. A. Blanco，E. Francisco，and V. Luana，Universidad de Oviedo

Questions，bugs，updates：miguel@carbono. quimica. uniovi. es

XY
Number of data points：21

Static EOS calculation─ Numerical results
Vmin(static；　P＝0)　　＝　　148. 26 bohr^3
Gmin(static；　P＝0)　　＝　　133. 96 kJ/mol

NUMERICAL EQUILIBRIUM PROPERTIES
==

P(GPa)	G(kJ/mol)	V(bohr3)	V/V0	B(GPa)	rel. err.
10.00	133.96	148.26	1.00000	410.68	0.021737
20.00	264.72	144.87	0.97714	454.75	0.005472

NUMERICAL EOS PRESSURE DERIVATIVES

==

P(GPa)	V(bohr3)	V/V0	Pfit(GPa)	B(GPa)	B′	B″(GPa−1)
10.00	148.26	1.00000	10.00	410.68	4.4689	−0.013240
20.00	144.87	0.97714	20.00	454.75	4.3491	−0.011295

INPUT AND FITTED VALUES OF THE LATTICE ENERGY

==

V(bohr^3)	E_inp(hartree)	E_fit(hartree)
120.570008	0.062440791	0.062431990
123.584258	0.048840711	0.048839564
126.598509	0.037389931	0.037390510
129.612759	0.027855221	0.027855569
132.627009	0.020030891	0.020030575
135.641259	0.013734561	0.013733635
138.655509	0.008803401	0.008802622
141.669760	0.005093021	0.005092964
144.684010	0.002475181	0.002475674
147.698260	0.000834891	0.000835596
150.712510	0.000069181	0.000069844
153.726760	0.000086191	0.000086406
156.741011	0.000803151	0.000802896
159.755261	0.002145951	0.002145435
162.769511	0.004048291	0.004047646
165.783761	0.006449821	0.006449751

168. 798011	0. 009297511	0. 009297761
171. 812262	0. 012542361	0. 012542742
174. 826512	0. 016140311	0. 016140154
177. 840762	0. 020051511	0. 020049257

Debye temperature— numerical derivatives

Poisson coefficient：0. 288099　Poisson ratio function：0. 783516

V(bohr^3)	TDebye(K)
120. 57	914. 77
123. 58	878. 66
126. 60	843. 79
129. 61	810. 14
132. 63	777. 67
135. 64	746. 36
138. 66	716. 17
141. 67	687. 08
144. 68	659. 05
147. 70	632. 02
150. 71	605. 95
153. 73	580. 78
156. 74	556. 43
159. 76	532. 84
162. 77	509. 90
165. 78	487. 51
168. 80	465. 54
171. 81	443. 86
174. 83	422. 29
177. 84	400. 64

Temperature：　T　＝　　100. 00 K

Vmin(T；P＝0)　＝　　148. 95 bohr^3

Gmin(T；P＝0)　＝　　145. 50 kJ/mol

NUMERICAL EQUILIBRIUM PROPERTIES
====================================

P(GPa)	G(kJ/mol)	V(bohr3)	V/V0	B(GPa)	rel. err.
10.00	145.50	148.95	1.00000	405.22	0.005201
20.00	276.85	145.50	0.97685	449.36	0.003597

NUMERICAL EOS PRESSURE DERIVATIVES
====================================

P(GPa)	V(bohr3)	V/V0	Pfit(GPa)	B(GPa)	B'	B''(GPa−1)
10.00	148.95	1.00000	10.00	405.22	4.4808	−0.014490
20.00	145.50	0.97685	20.00	449.36	4.3518	−0.011876

VIBRATIONAL PROPERTIES
====================================

P(GPa)	U(kJ/mol)	Cv(J/mol * K)	A(kJ/mol)	S(J/mol * K)	Theta(K)	gamma
10.00	11.97	12.35569	11.49	4.84207	621.09	2.080
20.00	12.51	11.16742	12.08	4.27792	651.62	2.019

THERMAL EOS DERIVATIVES
====================================

P(GPa)	alpha(10^-5/K)	dp/dt(GPa/K)	Bs(GPa)	Cp(J/mol * K)
10.00	0.47722335	0.001933795	405.62	12.36796
20.00	0.38639196	0.001736283	449.71	11.17613

Temperature: $T = $ 200.00 K

Vmin(T; P=0) = 149.09 bohr^3

Gmin(T；P=0)　　=　　144. 27 kJ/mol

NUMERICAL EQUILIBRIUM PROPERTIES
================================

P(GPa)	G(kJ/mol)	V(bohr3)	V/V0	B(GPa)	rel. err.
10. 00	144. 27	149. 09	1. 00000	402. 55	0. 002215
20. 00	275. 73	145. 61	0. 97672	446. 88	0. 000269

NUMERICAL EOS PRESSURE DERIVATIVES
================================

P(GPa)	V(bohr3)	V/V0	Pfit(GPa)	B(GPa)	B′	B″(GPa−1)
10. 00	149. 09	1. 00000	10. 00	402. 55	4. 5038	−0. 015341
20. 00	145. 61	0. 97672	20. 00	446. 88	4. 3684	−0. 012322

VIBRATIONAL PROPERTIES
================================

P(GPa)	U(kJ/mol)	Cv(J/mol * K)	A(kJ/mol)	S(J/mol * K)	Theta(K)	gamma
10. 00	14. 30	32. 23754	10. 23	20. 34429	619. 91	2. 083
20. 00	14. 70	30. 97282	10. 94	18. 81660	650. 61	2. 021

THERMAL EOS DERIVATIVES
================================

P(GPa)	alpha(10⁻5/K)	dp/dt(GPa/K)	Bs(GPa)	Cp(J/mol * K)
10. 00	1. 25375394	0. 005046969	404. 65	32. 40591
20. 00	1. 07780442	0. 004816525	448. 83	31. 10773

RESULTS AT P=0 FOR ALL TEMPERATURES
==

T(K)	V(bohr3)	G(kJ/mol)	U(kJ/mol)	S(J/mol K)	Cv(J/mol K)
100.00	148.95	145.50	11.97	4.84207	12.35569
200.00	149.09	144.27	14.30	20.34429	32.23754

OTHER THERMODYNAMIC PROPERTIES AT P=0
==

T(K)	B0(GPa)	B0′	B0′′(GPa−1)	Bs(GPa)	alpha(10⁻5/K)
100.00	405.22	4.4808	−0.014490	405.62	0.47722335
200.00	402.55	4.5038	−0.015341	404.65	1.25375394

DEBYE MODEL RELATED PROPERTIES AT P=0
==

T(K)	Theta(K)	gamma
100.00	621.09	2.080
200.00	619.91	2.083

通过该输出文件，我们可以读取晶体结构在不同温度及不同压强下的各个热力学参数值。

5.8 Origin

Origin 主要用于科技作图及数据分析，是被大众认可的标准作图软件[71]。其作用大体可划分为三类模块：数据表、科技作图及数据分析。数据表模块用来处理工作表、导入及换算数据；科技作图模块主要是对图片的类型、属性、显示方式及细节进行设置；数据分析模块则用于拟合数据曲线，对数据规律进行统计，同时也可用于处理信号及图片。在高硬度材料的高压物性分析中会涉及Origin 的部分功能，因此下面将简单介绍这部分功能及内容。

5.8.1　Origin 工作环境简述

如图 5.5 所示，Origin 的工作界面主要分为菜单栏、工具栏、绘图区、项目管理器及状态栏。菜单栏位于界面的顶部。当活动窗口为 Origin 工作簿时，有 File、Edit、View、Plot、Column、Worksheet、Analysis、Statistics、Image、Tools、Format 等菜单，当活动窗口为 Excel、图形、图层等时，对应的主菜单会有稍微变动。通过菜单栏能够完成 Origin 的大部分功能；菜单栏的下面是工具栏，用各种图标按钮表示，大体可分为：Standard 工具栏、Format 工具栏、Style 工具栏、Gragh 工具栏、Tools 工具栏五大类，可以实现 Origin 的很多常用功能；绘图区位于界面的中部，包括所有工作表或绘图子窗口；绘图区的下面还有一部分工具栏，有 2D Gragh 工具栏、3D Gragh 工具栏及 Object 工具栏；绘图区的左侧为项目管理器，主要用于切换各个窗口；界面的最底部是状态栏，用于显示当前工作内容。

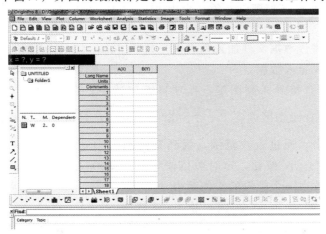

图 5.5　Origin 的工作界面

以上工具栏的显示状态、方式、位置以及项目管理器的显示与否都可以进行调整，这里不再仔细说明。Origin 子窗口有：Workbook 工作簿、Excel 工作簿、Gragh 图形、Matrix 矩阵工作簿、Function 函数图、Layout Page 版面布局及 Notes 记事。Origin 库中提供了大量的 Samples 供我们学习使用，只需依次点击 File → Import，选择想要的示例即可。

5.8.2　数据表

5.8.2.1　工作表的操作

（1）插入行/列：选中要插入的位置，依次点击 Edit → Insert，即可插入行或列；可通过点击图标"⊹▤"来插入列。

（2）设置列类型：选中要设置的列，右击 Properties...，Options 部分的 Plot Designation 位置即可选择列类型（X/Y/Z）；或者点击 Column → Set As X/Y/Z。

（3）快速设置整个工作表列类型：点击工作表左上角，即可选中整个工作表，右击 Set As，选择相应的列类型结构即可。

（4）列属性综合设置：选中要设置的列，点击 Format → Column...，在弹出的对话框中，即可对所选列的标题（Long Name、Unit、Comment）、列宽（Width）、列类型（Plot Designation）等进行综合设置。

5.8.2.2 数据的导入

Origin 中数据的导入有手工输入、直接拖入数据文件、通过剪切板传送、由数据文件导入多种方式。

（1）导入 Excel 文件数据：依次点击 File → Import → Excel（XLS）...，在弹出的对话框中，通过查找范围，找到要导入的 Excel 数据文件。选中后，点击 Add File 即可将该数据文件加入列表框，勾除 Show Options Dialog，点击"OK"按钮，即可完成导入数据。

（2）将数据直接导入到图形：在项目管理器中，右击选择 New Window → Gragh，这样就在绘图区创建了一个空白图形窗口；点击工具栏图标"▦"，在弹出的对话框中，通过查找范围，找到要绘制图形的数据文件（后缀为 .dat 或 .txt），再点击"打开"按钮，这时数据便导入到图形窗口中。实质上，Origin 将导入的数据存放在一个隐形的工作簿中。

（3）添加列数据趋势图：选中要添加的列，点击 Column → Add Sparklines...，在弹出的对话框中设置各项参数，点击"OK"按钮即可在工作表中所在列显示其趋势图。

5.8.3 科技作图

5.8.3.1 二维图形绘制

常见的二维图有线图、点线图、误差图、垂线图、气泡图、柱形图、条形图、饼图、矢量图等，

（1）绘制点线图：手工输入数据后，按住左键拖动选定数据，依次点击 Plot → Line ＋ Symbol → Line ＋ Symbol，或者直接点击 2D Graphs 工具栏图标"⤢"，这时在绘图子窗口便会出现数据的二维点线图。

（2）绘制误差图：依次点击 File → Import → Single ASCII...，通过查找范

围，找到 Curve Fitting 中的 Gaussian. dat，点击"打开"按钮，即可将该文件数据导入 Origin；选定 C 列，右击选择 Set As → Y Error，即可将该列设置为 Y Error 列；再点击 Plot →Symbol → Y Error，这时在绘图子窗口便会出现数据的 Y 误差图。

注意：此操作只显示误差图，并没有显示数据。通过误差棒图才可以对数据与其误差同时作图，其具体操作为：将 C 列设置为 Y Error 列后，再同时选中 B、C 两列，依次点击 Plot →Symbol → Scatter 即可。

（3）函数图绘制：当工作表中没有输入数据时，也可以绘制函数图。依次点击 File → New...，在弹出的对话框中选择 Function，点击"OK"按钮，或者直接点击按钮" 🔣 "，在弹出的对话框中，在 Function 下，选择 Math 函数中的想要作图的函数(这里选择"cos()")，点击 Add，即可将该函数加入列表框中，在 F1 (x)旁边的函数名括号中输入 x，最后点击"OK"按钮，这时我们即可在绘图区的子窗口中观察到函数图；通过点击绘图区函数图上方的 Rescale 按钮，可以调节合适的坐标范围，这样函数图即可完成；点击绘图区函数图上方的 New Function 按钮，重复后面的操作，即可在同一窗口中显示多个函数图。

5.8.3.2 多层二维图形绘制

为了充分研究一个物理量与其他多个物理量的关系，一般会选择在相同图形窗口中显示多层图。由于不同图层间的坐标轴既可相互独立又彼此关联，因此可以研究各个物理量之间的依赖性。常见的多层二维图有：双 Y 轴图、垂直双栏图、水平两栏图、四栏图及堆垒图。它们的绘制过程分别如下：

（1）双 Y 轴图绘制：选中 Y 坐标的 B、C 两列数据，依次点击 Plot → Multi-Curve → Double Y。

（2）垂直双栏图绘制：选中 Y 坐标的 B、C 两列数据，依次点击 Plot → Multi-Curve → Vertical 2 Panel。

（3）水平两栏图绘制：选中 Y 坐标的 B、C 两列数据，依次点击 Plot → Multi-Curve → Horizontal 2 Panel。

（4）四栏图绘制：选中 Y 坐标的 B、C、D、E 四列数据，依次点击 Plot → Multi-Curve → 4 Panel。

（5）堆垒图绘制：选中所有 Y 坐标数据，依次点击 Plot → Multi-Curve → Stack，在弹出的对话框中，点击"OK"按钮即可。

对于多层二维图形的管理，需要依次点击 Graph → Layer Management...，或者直接在绘图区右击选择 Layer Management... 即可。在弹出的管理图层对话框中有四个选项卡，分别为：Add、Arrange、Size/Position、Link。通过这四个选项卡，可以实现对二维图形的图层添加、排列、尺寸与位置的设置以及坐标轴之间的关联。

（1）添加图层：打开 Add 选项卡，在 Add Layer 位置的 Type 处选择 Bottom X + Left Y，点击"Apply"按钮（此按钮点击的次数即为添加空白图层的个数），最后通过"OK"按钮回到图形窗口；在图层标志处右击选择 Layer Contents…，在弹出的对话框中，将工作表中的数据添加到对应的图层中，点击"OK"按钮。其他图层数据的添加与此一致。

（2）排列图层：打开 Arrange 选项卡，在 Arrange 位置的 Column 处设置图层的行数，在 Row 处设置图层的列数，在 Spacing（% of Page）位置的 Horizontal Gap 处设置图层间的水平间距，在 Vertical Gap 处设置图层间的垂直间距，Left/Right/Top/Bottom Margin 处分别用来设置图层的左、右、上、下边距，最后点击"OK"按钮。

（3）设置图层尺寸及位置：打开 Size/Position 选项卡，在 Reference Layer 处可以选择需要参照设置的图层，同时在 Unit 处选择"% of Page"，这代表绘图区页面大小会作为设置标准，其中 Resize 处为图层宽和高的设置；Swap 处为图层位置的设置，设置完成后，点击"OK"按钮。

（4）设置图层间坐标轴之间的关联：打开 Link 选项卡，Link To 处选择要关联的图层，X/Y Axis 处选择要关联的坐标轴及其比例关系，依次点击"Link""OK"按钮即可完成图层坐标轴之间的关联。

另外，可以先完成单图层线图绘制，再通过合并图形完成多层二维图形。具体步骤为：依次点击 Graph → Merge Graph Windows → Open Dialog…，在弹出的 Graph Manipulation：merge graph 对话框中 Merge 处选择要合并的方式：如 Specified，在 Graph 处点击" ... "按钮，在弹出的 Graph Browser 对话框中，选定要添加或删除的图层，通过" >> "及" << "按钮完成图层的添加或删除，设置完成后即可关闭对话框。回到 Graph Manipulation：merge graph 对话框，在 Arrange Settings 处设置图层排列的行数及列数；在 Spacing（in % of Page Dimension）处设置图层的左、右、上、下边距；在 Page Setup 处设置绘图页面的长宽，最后点击"OK"按钮完成多层图形的绘制。

5.8.3.3　图形坐标轴定制

双击图形窗口中需要设置的坐标轴，即可打开图形坐标轴的定制对话框。该对话框中共有 Tick Labels、Minor Tick Labels、Custom Tick Labels、Scale、Title & Format、Grid Lines、Break 七个标签。下面主要介绍 Tick Labels、Scale、Title & Format 三个标签卡。

（1）打开 Tick Labels 标签卡，左侧的 selection 下选择需要设置的具体坐标轴；Show Major Label 勾选与否决定是否显示刻度值标签；Type、Front、Color、Point 分别对应标签类型、字体、颜色、大小的设置。

（2）打开 Scale 标签卡，在左侧的 selection 下选择需要设置的坐标轴方向；From、To 对应坐标轴刻度的始末值；在 Increment 处设置坐标轴上的最小分度值。

（3）打开 Title & Format 标签卡，Show Axis & Tick 勾选与否决定是否显示坐标轴；Title、Color、Thickness、Major Tick 分别对应坐标轴上的标签题目、坐标轴的颜色、粗细及刻度长度；Major、Minor 分别对应坐标轴上的大小刻度是向内还是向外。

5.8.4　数据操作与回归

这里主要介绍的数据操作为数据的读取与添加，点击 Tools 工具栏中的"田"按钮，在绘图区单击图形数据点，屏幕上即可显示该图形数据点的坐标；点击 Tools 工具栏中的"✛"按钮，在绘图区任意位置单击，即可显示该位置的坐标；点击 Tools 工具栏中的"∴"按钮，在绘图区任意位置双击即可人为地添加数据，添加后的数据坐标存放在"Drawl"的隐藏工作簿中。

下面是线性回归及多项式回归的具体操作步骤：

（1）线性回归：返回工作表，选中需要线性回归的列，依次点击 Analysis → Fitting → Fit Linear → Open Dialog...，在弹出的对话框中对拟合参数进行设置，其中在 Fitted Curves Plot 处改变拟合曲线的粗糙程度，通过增加 Points 处的数值可以将拟合数据在一定区间内倍增，最后点击"OK"按钮。

（2）多项式回归：返回工作表，选中需要多项式回归的列，依次点击 Analysis → Fitting → Fit Polynomial → Open Dialog...，在弹出的对话框中可以对参与拟合的参数进行设置，其中 Polynomial Order 位置对应拟合多项式的阶数，二次多项式选择 2，三次多项式选择 3，最后点击"OK"按钮。

在数据分析中，经常会对数据进行积分，具体步骤如下：返回工作表，选中需要积分的列，依次点击 Analysis → Mathematics → Integrate → Open Dialog...，在弹出的对话框中可以对积分面积类型、输入输出控制及重计算模式进行设置。

第六章 利用 VASP 对晶体结构进行物性研究

6.1 模型的构建

前面的章节中已经具体讲述了如何利用 MS 构建晶体结构的 3D 模型，并且通过"另存为"可以保存或改变结构的输出或显示形式。利用 MS 将晶体结构的保存为 *.cif 格式，并用 VESTA 程序打开后另存，即可快速地将原始文件输出为 *.vasp 格式。紧接着对照 VASP 中所需结构的坐标文件稍微纠正即可成为有效文件。具体步骤如下：

(1)创建 MS 文件 Project Files。

(2)从 MS 文件库中导入所研究的晶胞

(3)导出为 cif 格式：依次点击 File → export，设置文件输出格式为 *.cif，并将文件设置在一定目录。

(4)通过 VESTA 输出 *.vasp 格式文件：直接把 XY.cif 拉至 VESTA 程序中，打开程序主页后，依次点击 File → Export Data，设置文件输出格式为 *.vasp，并将文件设置在一定目录中。

(5)用写字板打开 XY.vasp：根据要求修改 Cu.vasp。

6.2 结构性质

6.2.1 立方晶系

下面以晶体 XY 的面心 B_3 结构为例，详细介绍一下零压下其结构属性的计算。

6.2.1.1 确定截断能 encut

第一步：准备并设置 vasp 输入文件。

1. KPOINTS

Automatic generation

0

Monkhorst－pack

21 21 21

0 0 0

2. POSCAR

CubicXY

　　－23.8

0.000000000000000	0.500000000000000000	0.5000000000000000
0.500000000000000	0.000000000000000	0.5000000000000000
0.500000000000000	0.500000000000000	0.0000000000000000

　　1　1

Direct

| 0.00000000 | 0.00000000 | 0.00000000 |
| 0.25000000 | 0.25000000 | 0.25000000 |

3. POTCAR(请参看 5.1.4 节内容设置)

第二步：准备并设置 vasp 执行文件：vasp.pbs。

♯PBS－N vasp

♯PBS－j oe

♯PBS－l nodes＝1：ppn＝8

cd ＄{PBS_O_WORKDIR}

source /public/software/profile.d/intel－env.sh

source /public/software/profile.d/openmpi－intel－env.sh

echo

echo "Starting VASP run at" `date`

echo

master＝`hostname`

echo "The job submission node is ＄master"

echo "The working directory is " ＄{PBS_O_WORKDIR}

echo "VASP input file is" ＄{PBS_O_WORKDIR}/＄{inputfile}

echo

echo "VASP execution start at" `date`

echo

hostname ＞ host.info

grep 'Linux' /etc/issue ＞＞ host.info

grep 'model name' /proc/cpuinfo ｜ cut－d：－f2 ｜ uniq－c ＞＞ host.info

```
grep 'cpu M' /proc/cpuinfo >> host. info
grep 'MemTotal' /proc/meminfo >> host. info
free-g >> host. info
ulimit-a >> host. info
cat $ PBS _ NODEFILE >> host. info
NP='cat $ PBS _ NODEFILE ｜ wc-l'
＃＃＃＃＃＃＃＃＃＃＃＃＃＃＃
rm WAVECAR 2>/dev/null
echo
for i in 'seq-w 300 50 700'; do
cat > INCAR <<!
SYSTEM=XY
ENCUT= $ i
ISTART=0
ICHARG=2
ISMEAR=1
SIGMA=0. 2
ISIF=4
PREC=Accurate
!
echo "   V= $ i   Starting…"
echo "———————————————————————————"
cd /public/users/abc/B3/encut
mpirun-np $ NP-machinefile $ PBS _ NODEFILE——mca btl self, sm,
tcp-bind-to-core numactl——localalloc /public/users/abc/bin/vasp. 5. 2/vasp
> $ NP. log
E='grep F= OSZICAR'; echo "ENCUT= $ i   $ E">> TOTAL
cp INCAR INCAR. $ i
done
```

第三步：输入提交命令 qsub vasp. pbs。

第四步：输入命令 qstat，查看任务是否完成。任务完成后找出命名为
"TOTAL"的输出文件。

TOTAL：

ENCUT=300   1 F=－. 19743990E＋02 E0=－. 19744514E＋02   d E =

0.157147E—02

　ENCUT＝350　1 F＝—.19749447E＋02 E0＝—.19749967E＋02　d E＝
0.155905E—02

　ENCUT＝400　1 F＝—.19755001E＋02 E0＝—.19755521E＋02　d E＝
0.155988E—02

　ENCUT＝450　1 F＝—.19757951E＋02 E0＝—.19758471E＋02　d E＝
0.156028E—02

　ENCUT＝500　1 F＝—.19760454E＋02 E0＝—.19760974E＋02　d E＝
0.156098E—02

　ENCUT＝550　1 F＝—.19761982E＋02 E0＝—.19762502E＋02　d E＝
0.156085E—02

　ENCUT＝600　1 F＝—.19762699E＋02 E0＝—.19763219E＋02　d E＝
0.156077E—02

　ENCUT＝650　1 F＝—.19762946E＋02 E0＝—.19763466E＋02　d E＝
0.156079E—02

　ENCUT＝700　1 F＝—.19763055E＋02 E0＝—.19763576E＋02　d E＝
0.156079E—02

　　从 TOTAL 输出文件中找出收敛度为 10^{-5} eV/cell 或 10^{-6} eV/cell 的截断能。由以上数据可得，此处最佳截断能为 650 eV。（数据迭代一次，输出一次，直到 dE 达到要求的精度，迭代停止。F 前面的数字表示迭代的步数，F 后的值表示迭代后得到的能量，dE 表示收敛的能量差值，通过 dE 可以判断是否达到收敛标准。以上内容全部来自输出文件 OSZICAR，OSZICAR 简单汇总了每次迭代或离子移动的情况。）

　　注意：测试最佳截断能时，KPOINTS 点可选取文献参考值，或者选取一个适当的奇数即可；POSCAR 中第二行输入参考文献中的 $-V_0$，其中基矢及坐标位置与 lattice 程序中一致；因截断能是 INCAR 文件中的参数，因此此处输入文件无 INCAR，而将 INCAR 文件中的内容输入至执行文件 vasp. pbs 中。

6. 2. 1. 2　确定 K 点

第一步：准备并设置 vasp 输入文件。

1. INCAR

SYSTEM＝XY

ENCUT＝650

ISTART＝0

ICHARG＝2

ISMEAR＝1；SIGMA＝0.2

ISIF＝4

PREC＝Accurate

2. POSCAR(与上述一致)

3. POTCAR(与上述一致)

第二步：准备并设置 vasp 执行文件：vasp. pbs。

```
＃PBS－N vasp
＃PBS－j oe
＃PBS－l nodes=1；ppn＝8
cd ＄{PBS_O_WORKDIR}
source /public/software/profile. d/intel－env. sh
source /public/software/profile. d/openmpi－intel－env. sh
echo
echo "Starting VASP run at" `date`
echo
master＝`hostname`
echo "The job submission node is ＄master"
echo "The working directory is " ＄{PBS_O_WORKDIR}
echo "VASP input file is" ＄{PBS_O_WORKDIR}/＄{inputfile}
echo
echo "VASP execution start at" `date`
echo
hostname ＞ host. info
grep 'Linux' /etc/issue ＞＞ host. info
grep 'model name' /proc/cpuinfo | cut－d：－f2 | uniq－c ＞＞ host. info
grep 'cpu M' /proc/cpuinfo ＞＞ host. info
grep 'MemTotal' /proc/meminfo ＞＞ host. info
free－g ＞＞ host. info
ulimit－a ＞＞ host. info
cat ＄PBS_NODEFILE ＞＞ host. info
NP=`cat ＄PBS_NODEFILE | wc－l`
rm WAVECAR 2＞/dev/null
echo
for i in `seq－w 3 1 24`; do
```

```
cat > KPOINTS <<!
Automatic generation
0
Monkhorst—pack
$ i $ i $ i
0 0 0
!
echo "　 V＝$ i　Starting…"
echo "———————————————————————————————"
cd /public/users/abc/B3/kpoints
mpirun—np $ NP—machinefile $ PBS _ NODEFILE——mca btl self，sm，
tcp—bind—to—core numactl——localalloc /public/users/abc/bin/vasp. 5. 2/vasp
>&. $ NP. log
E=`grep F= OSZICAR`；echo "K=$ i　$ E">> TOTAL
cp KPOINTS KPOINTS. $ i
Done
```

第三步：输入提交命令 qsub vasp. pbs。

第四步：输入命令 qstat，查看任务是否完成。任务完成后找出命名为"TOTAL"的输出文件。

TOTAL：

K＝ 03　　1 F＝－. 19708855E＋02 E0＝－. 19709464E＋02　d E＝0. 182497E－02

K＝ 04　　1 F＝－. 19384145E＋02 E0＝－. 19385061E＋02　d E＝0. 274723E－02

K＝ 05　　1 F＝－. 19410338E＋02 E0＝－. 19410766E＋02　d E＝0. 128518E－02

K＝ 06　　1 F＝－. 19382029E＋02 E0＝－. 19382462E＋02　d E＝0. 129818E－02

K＝ 07　　1 F＝－. 19375669E＋02 E0＝－. 19375336E＋02　d E＝－. 996924E－03

K＝ 08　　1 F＝－. 19379043E＋02 E0＝－. 19379917E＋02　d E＝0. 262053E－02

K＝ 09　　1 F＝－. 19372921E＋02 E0＝－. 19373332E＋02　d E＝0. 123166E－02

    K＝10   1 F＝－.19378489E＋02 E0＝－.19379474E＋02   d E＝
0.295483E－02

    K＝11   1 F＝－.19374956E＋02 E0＝－.19375668E＋02   d E＝
0.213714E－02

    K＝12   1 F＝－.19378613E＋02 E0＝－.19379745E＋02   d E＝
0.339460E－02

    K＝13   1 F＝－.19376941E＋02 E0＝－.19378078E＋02   d E＝
0.341129E－02

    K＝14   1 F＝－.19378616E＋02 E0＝－.19379746E＋02   d E＝
0.339102E－02

    K＝15   1 F＝－.19377826E＋02 E0＝－.19379075E＋02   d E＝
0.374932E－02

    K＝16   1 F＝－.19378641E＋02 E0＝－.19379766E＋02   d E＝
0.337303E－02

    K＝17   1 F＝－.19378294E＋02 E0＝－.19379458E＋02   d E＝
0.349248E－02

    K＝18   1 F＝－.19378649E＋02 E0＝－.19379787E＋02   d E＝
0.341376E－02

    K＝19   1 F＝－.19378627E＋02 E0＝－.19379801E＋02   d E＝
0.352077E－02

    K＝20   1 F＝－.19378643E＋02 E0＝－.19379771E＋02   d E＝
0.338185E－02

    K＝21   1 F＝－.19378733E＋02 E0＝－.19379935E＋02   d E＝
0.360444E－02

    K＝22   1 F＝－.19378645E＋02 E0＝－.19379774E＋02   d E＝
0.338951E－02

    K＝23   1 F＝－.19378715E＋02 E0＝－.19379875E＋02   d E＝
0.348090E－02

    K＝24   1 F＝－.19378644E＋02 E0＝－.19379773E＋02   d E＝
0.338849E－02

    从 TOTAL 输出文件中找出收敛度为 10^{-5} eV/cell 或 10^{-6} eV/cell 的截断能。由以上数据可得此处最佳 K 点为 19。

    注意：测试最佳 K 点时，INCAR 中的 encut 设置为测试出的最佳截断能。

6.2.1.3　确定平衡体积 V_0

第一步：准备并设置 vasp 输入文件。

1. INCAR

SYSTEM＝XY

ENCUT＝650

ISTART＝0

ICHARG＝2

ISMEAR＝－5

ISIF＝2

PREC＝Accurate

2. KPOINTS

Automatic generation

0

Monkhorst－pack

19 19 19

0 0 0

3. POTCAR(与上述一致)

第二步：准备并设置 vasp 执行文件：vasp. pbs。

♯PBS－N vasp

♯PBS－j oe

♯PBS－l nodes＝1：ppn＝8

cd ＄{PBS_O_WORKDIR}

source /public/software/profile. d/intel－env. sh

source /public/software/profile. d/openmpi－intel－env. sh

echo

echo "Starting VASP run at" `date`

echo

master＝`hostname`

echo "The job submission node is ＄master"

echo "The working directory is " ＄{PBS_O_WORKDIR}

echo "VASP input file is" ＄{PBS_O_WORKDIR}/＄{inputfile}

echo

echo "VASP execution start at" `date`

echo

```
hostname > host. info
grep 'Linux' /etc/issue >> host. info
grep 'model name' /proc/cpuinfo | cut—d：—f2 | uniq—c >> host. info
grep 'cpu M' /proc/cpuinfo >> host. info
grep 'MemTotal' /proc/meminfo >> host. info
free—g >> host. info
ulimit—a >> host. info
cat $PBS_NODEFILE >> host. info
NP=`cat $PBS_NODEFILE | wc—l`
rm WAVECAR 2>/dev/null
echo
for i in `seq—w—19. 04—0. 476—28. 56`; do
cat > POSCAR <<!
Cubic XY
    $i
0. 000000000000000    0. 5000000000000000    0. 5000000000000000
0. 5000000000000000   0. 000000000000000     0. 5000000000000000
0. 5000000000000000   0. 5000000000000000    0. 000000000000000000
    1  1
Direct
0. 00000000   0. 00000000   0. 00000000
0. 25000000   0. 25000000   0. 25000000
    !
echo "  V=$i  Starting…"
echo "——————————————————————————————"
cd /public/users/abc/B3/v
mpirun—np $NP—machinefile $PBS_NODEFILE——mca btl self，sm，
tcp—bind—to—core numactl——localalloc /public/users/abc/bin/vasp. 5. 2/vasp
>& $NP. log
E=`grep F= OSZICAR`；echo "V=$i  $E">> TOTAL
cp POSCAR POSCAR. $i
done
```

第三步：输入提交命令 qsub vasp. pbs。

第四步：输入命令 qstat，查看任务是否完成。任务完成后找出命名为

"TOTAL"的输出文件。

TOTAL

V＝－19.040　1 F＝－.17901829E＋02 E0＝－.17901829E＋02　d E ＝ 0.000000E＋00

V＝－19.516　1 F＝－.18274874E＋02 E0＝－.18274874E＋02　d E ＝ 0.000000E＋00

V＝－19.992　1 F＝－.18593722E＋02 E0＝－.18593722E＋02　d E ＝ 0.000000E＋00

V＝－20.468　1 F＝－.18864125E＋02 E0＝－.18864125E＋02　d E ＝ 0.000000E＋00

V＝－20.944　1 F＝－.19091175E＋02 E0＝－.19091175E＋02　d E ＝ 0.000000E＋00

V＝－21.420　1 F＝－.19279392E＋02 E0＝－.19279392E＋02　d E ＝ 0.000000E＋00

V＝－21.896　1 F＝－.19432754E＋02 E0＝－.19432754E＋02　d E ＝ 0.000000E＋00

V＝－22.372　1 F＝－.19554815E＋02 E0＝－.19554815E＋02　d E ＝ 0.000000E＋00

V＝－22.848　1 F＝－.19648760E＋02 E0＝－.19648760E＋02　d E ＝ 0.000000E＋00

V＝－23.324　1 F＝－.19717453E＋02 E0＝－.19717453E＋02　d E ＝ 0.000000E＋00

V＝－23.800　1 F＝－.19763409E＋02 E0＝－.19763409E＋02　d E ＝ 0.000000E＋00

V＝－24.276　1 F＝－.19788944E＋02 E0＝－.19788944E＋02　d E ＝ 0.000000E＋00

V＝－24.752　1 F＝－.19796098E＋02 E0＝－.19796098E＋02　d E ＝ 0.000000E＋00

V＝－25.228　1 F＝－.19786724E＋02 E0＝－.19786724E＋02　d E ＝ 0.000000E＋00

V＝－25.704　1 F＝－.19762489E＋02 E0＝－.19762489E＋02　d E ＝ 0.000000E＋00

V＝－26.180　1 F＝－.19724890E＋02 E0＝－.19724890E＋02　d E ＝ 0.000000E＋00

V＝－26.656　　1 F＝－.19675295E＋02 E0＝－.19675295E＋02　d E＝0.000000E＋00

V＝－27.132　　1 F＝－.19614907E＋02 E0＝－.19614907E＋02　d E＝0.000000E＋00

V＝－27.608　　1 F＝－.19544870E＋02 E0＝－.19544870E＋02　d E＝0.000000E＋00

V＝－28.084　　1 F＝－.19466175E＋02 E0＝－.19466175E＋02　d E＝0.000000E＋00

V＝－28.560　　1 F＝－.19379735E＋02 E0＝－.19379735E＋02　d E＝0.000000E＋00

第五步：从 TOTAL 文件中拷贝所需数据。

输入命令 awk ′{printf ＄4}′ TOTAL，此时屏幕上显示：

V	E
19.040	－17.901829
19.516	－18.274874
19.992	－18.593722
20.468	－18.864125
20.944	－19.091175
21.420	－19.279392
21.896	－19.432754
22.372	－19.554815
22.848	－19.648760
23.324	－19.717453
23.800	－19.763409
24.276	－19.788944
24.752	－19.796098
25.228	－19.786724
25.704	－19.762489
26.180	－19.724890
26.656	－19.675295
27.132	－19.614907
27.608	－19.544870
28.084	－19.466175
28.560	－19.379735

将以上数值的单位统一成原子单位，体积单位由 $Å^3$ 换成 $Bohr^3$，能量单位由 eV 换成 Hartree。已知 1 $Å^3$ = 0.148 185 $Bohr^3$，1 eV= 27.211 4 Hartree。

将换算后的上述数值输入 EOS 程序，运行完毕后，打开 PARAM.OUT 文件。

PARAM.OUT：

XY

Birch－Murnaghan 3rd－order EOS（Birch F，Phys. Rev. 71，p809（1947））

（Default units are atomic：Hartree，Bohr etc.）

V0	=	166.797213183193
E0	=	－0.727491743757823
B0	=	0.987572405364143E－02
B0'	=	4.42934083000319
B0(GPa)	=	290.553775841298

由以上输出文件可知，平衡体积 V_0 为 166.797213183193 $Bohr^3$ = 24.716460 $Å^3 \approx$ 24.7$Å^3$，体积模量 B_0 为 290.553775841298 GPa。另外，根据面心立方晶系结构的体积公式 $V_原 = a^3/4$，可得此原胞的晶格参数为 4.62397438 $Å \approx$ 4.624 $Å$。

注意：测试平衡体积时，截断能及 K 点选用已测试得出的数值；执行文件 vasp.pbs 中的 POSCAR 内容中第二行为体积。在此位置处输入负值，并且该组数据为参考值 V_0 的 20% 上下限取的 21 个值。

6.2.2　六角晶系

六角晶系（hcp）的结构属性计算方法与上述类似。以下补充计算方面的不同点，以晶体 XY 的 B_4 结构为例。

6.2.2.1　确定 K 点

vasp.pbs 中有关 KPOINTS 的内容如下：

```
echo
for i in `seq－w 16 1 22`；do
k=`echo $i | awk '{printf"%d"，$i-4}'`
cat > KPOINTS <<！
Automatic generation
0
```

Gamma

 $i $i $k

0 0 0

KPOINTS 文件中参数 i, k 的大小关系与晶格参数 a、c 的比值互相关联。参照文献数值,若 $1 < c/a < 1.5$,说明 $c > a$,且差值较小,此时 k 可取 $i-2$;若 $c/a > 1.5$,说明 $c > a$,且差值较大,此时 k 可取 $i-4$;若 $0 < c/a < 2/3$,说明 $a > c$,且差值较大,此时 k 可取 $i+4$;若 $2/3 < c/a < 1$,说明 $a > c$,且差值较小,此时 k 可取 $i+2$。

6.2.2.2　确定 SIGMA

第一步:准备并设置 vasp 输入文件。

KPOINTS、POSCAR、POTCAR(设置方法与前述一致)。

第二步:准备并设置 vasp 执行文件:vasp. pbs。

vasp. pbs 中有关 SIGMA 的内容如下:

```
# # # # # # # # # # #
rm WAVECAR 2>/dev/null
echo
for i in 0.01 0.02 0.04 0.05 0.06 0.08 0.10 0.12 0.14 0.16 0.18 0.20 0.30 0.40 0.50; do
cat > INCAR <<!
SYSTEM=XY
ENCUT=650
ISTART=0
ICHARG=2
ISMEAR=1; SIGMA= $i
IBRION=2
NSW=100
POTIM=0.2
ISIF=4
EDIFF=1E-6
EDIFFG=-1E-2
PREC=Accurate
!
cd /public/users/abc/B4/sigma
mpirun-np $NP-machinefile $PBS _ NODEFILE--mca btl self, sm,
```

tcp—bind—to—core numactl——localalloc /public/users/abc/bin/vasp. 5. 2/vasp
>& $NP. log

cp INCAR INCAR. $i

E=`grep F= OSZICAR`；echo "sigma= $i $E">> TOTAL

TS=`grep "EENTRO" OUTCAR ∣ tail—1 ∣ awk '{printf "%12.6f \ n",
$5}'`；echo "sigma= $i $TS">> TOTAN

done

第三步：输入提交命令 qsub vasp. pbs。

第四步：输入命令 qstat，查看任务是否完成。任务完成后找出命名为
"TOTAN"的输出文件。

TOTAN：

sigma=0. 01   0. 000001

sigma=0. 02   −0. 000038

sigma=0. 04   −0. 000047

sigma=0. 05   0. 000010

sigma=0. 06   0. 000048

sigma=0. 08   0. 000043

sigma=0. 10   0. 000045

sigma=0. 12   0. 000082

sigma=0. 14   0. 000108

sigma=0. 16   0. 000118

sigma=0. 18   0. 000134

sigma=0. 20   0. 000167

sigma=0. 30   −0. 000422

sigma=0. 40   −0. 002924

sigma=0. 50   −0. 005292

注意：TOTAN 文件中列出了 sigma 与 entropy(熵)的一一对应关系。查看
POSCAR 中涉及的原子数，将各个熵值除以总原子数，选取熵值的绝对值小于 1
meV 的 sigma 即可。1 meV=10^{-3} eV。此处原子数为 4，sigma 取 0. 12 足够。

6. 2. 2. 3　确定平衡体积 V_0

第一步：准备并设置 vasp 输入文件。

在确定六角晶系晶体结构的平衡体积时，需要对晶体结构先动态优化，再静
态优化。

1. INCAR. relax

SYSTEM＝XY

ENCUT＝650

ISTART＝0

ICHARG＝2

ISMEAR＝1；SIGMA＝0.12

IBRION＝2

NSW＝100

POTIM＝0.2

ISIF＝4

EDIFF＝1E－6

EDIFFG＝－1E－2

PREC＝Accurate

2. INCAR. static

SYSTEM＝XY

ENCUT＝650

ISTART＝0

ICHARG＝2

ISMEAR＝－5

PREC＝Accurate

其他输入文件与前述一致。

第二步：准备并设置 vasp 执行文件：vasp. pbs。

＃＃＃＃＃＃＃＃＃＃＃

rm WAVECAR 2＞/dev/null

echo

for i in 'seq－w－34.72－0.868－52.08'；do

cat ＞ POSCAR ＜＜!

hcp XY

  $ i

0.5000000000000000	－0.86600000000000000	0.000000000000000
0.5000000000000	0.86600000000000000	0.000000000000000
0.000000000000000	0.000000000000000	2.41490909100000000

  2 2

Direct

```
0.33333333   0.66666666   0.00000000
0.66666666   0.33333333   0.50000000
0.33333333   0.66666666   0.37500000
0.66666666   0.33333333   0.87500000
!
cd /public/users/abc/B4/v
cp INCAR. relax INCAR
mpirun－np ＄NP－machinefile ＄PBS＿NODEFILE－－mca btl self，sm，
tcp－bind－to－core numactl－－localalloc /public/users/abc/bin/vasp. 5. 2/vasp
＞＆ ＄NP. log
cp CONTCAR POSCAR. ＄i
cp INCAR. static INCAR
cp POSCAR. ＄i POSCAR
mpirun－np ＄NP－machinefile ＄PBS＿NODEFILE－－mca btl self，sm，
tcp－bind－to－core numactl－－localalloc /public/users/jy002/chenlongqing/
bin/vasp. 5. 2/vasp ＞＆ final. log
V=`grep "volume" OUTCAR ｜ tail－1 ｜ awk '{printf "％12. 4f \ n"，＄5}'`
M=`grep "TOTEN" OUTCAR ｜ tail－1 ｜ awk '{printf "％12. 6f \ n"，＄5}'`
E=`grep F= OSZICAR`；echo "V=＄i   ＄E"＞＞ TOTAL
echo ＄V ＄M ＞＞ EtVo. dat
Done
```

　　由于 vasp 必须包含四个输入文件，因此该执行文件运行时，先将动态驰豫文件 INCAR. relax 拷贝成 INCAR 文件，动态优化完成后再将输出文件 CONTCAR 拷贝成 POSCAR 文件，紧接着将静态优化文件 INCAR. static 拷贝成 INCAR 文件，再进行一次静态优化。

　　注意：VASP 程序中输入的晶体原胞体积与实际原子个数一致。将计算得到的 E-V 数据输入 EOS 程序时，则需要将数据换算成对应原子种类 $1:1$。此例中需要共同除以 2，最后得到的结果为：$V_0 = 45.200625402118$ Å³。

6.2.2.4　确定晶格常数 a、c

　　第一步：准备并设置 vasp 输入文件：INCAR. relax、INCAR. static、KPOINTS、POTCAR 的设置方法与前述一致。

　　第二步：准备并设置 vasp 执行文件：vasp. pbs。

　　有关内容如下：

```
＃＃＃＃＃＃＃＃＃＃＃
```

```
rm WAVECAR 2>/dev/null
echo
for i in-45.200625402118；do
cat > POSCAR <<!
hcp XY
    $i
```

0.5000000000000000	-0.8660000000000000	0.000000000000000
0.5000000000000	0.8660000000000000	0.000000000000000
0.000000000000000	0.000000000000000	2.414909091000000000000

```
    2   2
Direct
0.33333333    0.66666666    0.00000000
0.66666666    0.33333333    0.50000000
0.33333333    0.66666666    0.37500000
0.66666666    0.33333333    0.87500000
```

注意：此处的 i 为测试得出的平衡体积，基矢中的 c/a 为参考值。

第三步：输入提交命令 qsub vasp.pbs。

第四步：输入命令 qstat，查看任务是否完成。任务完成后找出命名为"OUTCAR"的输出文件。OUTCAR 中有关 a 及 c/a 的内容如下：

LATTYP：Found a hexagonal cell.

ALAT　　　　=　　　2.7842276565

C/A-ratio　　=　　　2.4182286102

根据以上数据便可计算出 c，可得 $c = 6.7328989763Å$

6.3　弹性性质

下面以晶体 XY 的面心 B_3 结构为例，详细介绍一下零压及高压下弹性常数的计算。

第一步：准备并设置 vasp 输入文件。

1. INCAR.relax

```
SYSTEM =XY
ENCUT= 650
ISTART=0；ICHARG=2
ISMEAR=1；SIGMA=0.2
```

NSW＝100

IBRION＝2

EDIFF ＝1E－6；EDIFFG ＝－1E－2

ISIF＝2

POTIM＝0.2

PREC＝Accurate

LWAVE ＝ . FALSE.

注意：此文件表示对晶体结构进行动态优化或动态弛豫。优化过程中先固定原胞体积，主要对晶体原胞的基矢和坐标进行优化，也可以认为是主要对原子位置进行优化。

2. INCAR. static

SYSTEM ＝ XY

ENCUT＝ 650

ISTART＝0；ICHARG＝2

ISMEAR＝－5

EDIFF ＝ 1E－6

PREC ＝ Accurate

LWAVE ＝ . FALSE.

注意：此文件表示对晶体结构进行静态优化。

3. KPOINTS

Automatic generation

0

Monkhorst－Pack

19 19 19

0.0 0.0 0.0

4. POTCAR(与前述介绍一致)

第二步：准备并设置 vasp 执行文件：vasp. pbs。

♯PBS－N vasp

♯PBS－j oe

♯PBS－l nodes＝1；ppn＝8

cd ＄｛PBS _ O _ WORKDIR｝

source /public/software/profile. d/intel－env. sh

source /public/software/profile. d/openmpi－intel－env. sh

echo

```
echo "Starting VASP run at" `date`
echo
master=`hostname`
echo "The job submission node is $master"
echo "The working directory is " ${PBS_O_WORKDIR}
echo "VASP input file is" ${PBS_O_WORKDIR}/${inputfile}
echo
echo "VASP execution start at" `date`
echo
hostname > host.info
grep 'Linux' /etc/issue >> host.info
grep 'model name' /proc/cpuinfo | cut-d: -f2 | uniq-c >> host.info
grep 'cpu M' /proc/cpuinfo >> host.info
grep 'MemTotal' /proc/meminfo >> host.info
free-g >> host.info
ulimit-a >> host.info
cat $PBS_NODEFILE >> host.info
NP=`cat $PBS_NODEFILE | wc-l`
###########
rm WAVECAR 2>/dev/null
echo
for i in -0.02 -0.018 -0.016 -0.014 -0.012 -0.01 -0.008 -0.006 -0.004 -0.002 0 0.002 0.004 0.006 0.008 0.01 0.012 0.014 0.016 0.018 0.02; do
    k=`echo $i | awk '{printf"%.7f", $i*0.5+0.5}'`
cat > POSCAR <<!
Cubic XY
    4.62397438
0.000000000000000                $k               0.5000000000000000
        $k              0.00000000000000    0.5000000000000000
        $k                $k               0.000000000000000
    1   1
Direct
0.00000000   0.00000000   0.00000000
```

0. 25000000　　0. 25000000　　0. 25000000

!

cd /public/users/abc/B3/r/r1

cp INCAR. relax INCAR

mpirun—np ＄NP—machinefile ＄PBS _ NODEFILE——mca btl self，sm，tcp—bind—to—core numactl——localalloc /public/users/abc/bin/vasp. 5. 2/vasp ＞＆ ＄NP. log

　　cp CONTCAR POSCAR. ＄i

　　cp INCAR. static INCAR

　　cp POSCAR. ＄i POSCAR

mpirun—np ＄NP—machinefile ＄PBS _ NODEFILE——mca btl self，sm，tcp—bind—to—core numactl——localalloc /public/users/abc/bin/vasp. 5. 2/vasp ＞＆ final. log

　　V=`grep "volume" OUTCAR ｜ tail—1 ｜ awk ′{printf "％12. 4f \ n"，＄5}`

　　M=`grep "TOTEN" OUTCAR ｜ tail—1 ｜ awk ′{printf "％12. 6f \ n"，＄5}`

　　E=`grep F= OSZICAR` ；echo "r= ＄i　＄E"＞＞ TOTAL

　　echo ＄V ＄M ＞＞ EtVo. dat

　　Done

第三步：输入提交命令 qsub vasp. pbs。

第四步：输入命令 qstat，查看任务是否完成。任务完成后找出命名为"TOTAL"的输出文件。

TOTAL：

r=－0. 02　　1 F=－. 19761332E＋02 E0=－. 19761332E＋02　d E = 0. 000000E＋00

r=－0. 018　　1 F=－. 19768060E＋02 E0=－. 19768060E＋02　d E = 0. 000000E＋00

r=－0. 016　　1 F=－. 19774054E＋02 E0=－. 19774054E＋02　d E = 0. 000000E＋00

r=－0. 014　　1 F=－. 19779319E＋02 E0=－. 19779319E＋02　d E = 0. 000000E＋00

r=－0. 012　　1 F=－. 19783871E＋02 E0=－. 19783871E＋02　d E = 0. 000000E＋00

r=－0. 01　　1 F=－. 19787694E＋02 E0=－. 19787694E＋02　d E = 0. 000000E＋00 r=−0.008　1 F=−.19790792E＋02 E0=−.19790792E＋02　d E＝0.000000E＋00

r=−0.006　1 F=−.19793179E＋02 E0=−.19793179E＋02　d E＝0.000000E＋00

r=−0.004　1 F=−.19794861E＋02 E0=−.19794861E＋02　d E＝0.000000E＋00

r=−0.002　1 F=−.19795848E＋02 E0=−.19795848E＋02　d E＝0.000000E＋00

r=0　1 F=−.19796152E＋02 E0=−.19796152E＋02　d E＝0.000000E＋00

r=0.002　1 F=−.19795784E＋02 E0=−.19795784E＋02　d E＝0.000000E＋00

r=0.004　1 F=−.19794741E＋02 E0=−.19794741E＋02　d E＝0.000000E＋00

r=0.006　1 F=−.19793028E＋02 E0=−.19793028E＋02　d E＝0.000000E＋00

r=0.008　1 F=−.19790654E＋02 E0=−.19790654E＋02　d E＝0.000000E＋00

r=0.01　1 F=−.19787628E＋02 E0=−.19787628E＋02　d E＝0.000000E＋00

r=0.012　1 F=−.19783966E＋02 E0=−.19783966E＋02　d E＝0.000000E＋00

r=0.014　1 F=−.19779668E＋02 E0=−.19779668E＋02　d E＝0.000000E＋00

r=0.016　1 F=−.19774752E＋02 E0=−.19774752E＋02　d E＝0.000000E＋00

r=0.018　1 F=−.19769187E＋02 E0=−.19769187E＋02　d E＝0.000000E＋00

r=0.02　1 F=−.19763005E＋02 E0=−.19763005E＋02　d E＝0.000000E＋00

第五步：从 TOTAL 文件中拷贝所需数据。

输入命令 awk ′{printf ＄4}′ TOTAL，屏幕上即可显示应变与晶体原胞总能的一一对应关系。使用同样的方法可以得到其他两个应变所对应的晶体原胞总能。总结如下：

r1	E	r2	E	r3	E
−0.02	−19.761333	−0.02	−19.847526	−0.02	−19.789001
−0.018	−19.768062	−0.018	−19.840578	−0.018	−19.790409
−0.016	−19.774055	−0.016	−19.833659	−0.016	−19.791659
−0.014	−19.779321	−0.014	−19.826851	−0.014	−19.792731
−0.012	−19.783873	−0.012	−19.820233	−0.012	−19.793655
−0.01	−19.787696	−0.01	−19.813737	−0.01	−19.794434
−0.008	−19.790795	−0.008	−19.807975	−0.008	−19.795071
−0.006	−19.793183	−0.006	−19.803143	−0.006	−19.795567
−0.004	−19.794865	−0.004	−19.799311	−0.004	−19.795910
−0.002	−19.795848	−0.002	−19.796952	−0.002	−19.796108
0	−19.796156	0	−19.796156	0	−19.796156
0.002	−19.795788	0.002	−19.796952	0.002	−19.796066
0.004	−19.794740	0.004	−19.799311	0.004	−19.795848
0.006	−19.793027	0.006	−19.803143	0.006	−19.795486
0.008	−19.790653	0.008	−19.807975	0.008	−19.794987
0.01	−19.787627	0.01	−19.813737	0.01	−19.794350
0.012	−19.783965	0.012	−19.820233	0.012	−19.793570
0.014	−19.779667	0.014	−19.826851	0.014	−19.792658
0.016	−19.774751	0.016	−19.833660	0.016	−19.791622
0.018	−19.769186	0.018	−19.840578	0.018	−19.790464
0.02	−19.763004	0.02	−19.847526	0.02	−19.789195

由第四章中表 4.1 可知，E 对 γ_1，γ_2，γ_3 的二阶偏导分别对应 $2(C_{11}+C_{12}-P)$，$4C_{44}-2P$，$C_{11}-P$。因此将以上三组数据分别输入程序 Origin.exe 进行四次多项式拟合。具体拟合步骤为：选中数据，依次点击 Analysis → Fitting → Fit Polynomial → Open Dialog...，在打开的对话框中，将 Polynomial Order 设置为 4，单击"OK"按钮，结果如图 6.1 所示。

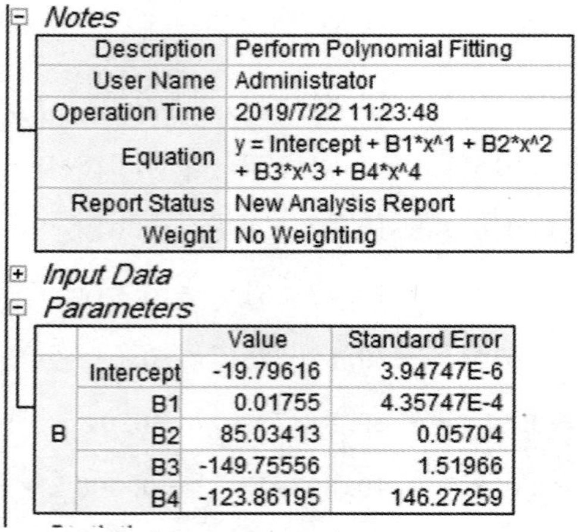

Notes		
Description	Perform Polynomial Fitting	
User Name	Administrator	
Operation Time	2019/7/22 11:23:48	
Equation	y = Intercept + B1*x^1 + B2*x^2 + B3*x^3 + B4*x^4	
Report Status	New Analysis Report	
Weight	No Weighting	

Input Data
Parameters

		Value	Standard Error
B	Intercept	-19.79616	3.94747E-6
	B1	0.01755	4.35747E-4
	B2	85.03413	0.05704
	B3	-149.75556	1.51966
	B4	-123.86195	146.27259

图 6.1　四次多项式的二阶偏导

同理，可得其他两组微小形变拟合所对应的四次多项式的二阶偏导。所得数值分别为：-182.61812，17.68644。

又因为 E 对 $\bar{a}$ 的二阶偏导满足如下关系：

$$\rho_1 \left. \frac{\partial^2 E(\rho_1, \gamma)}{\partial \gamma^2} \right|_{\gamma=0} = \frac{1}{V_1} \left. \frac{\partial^2 E(\rho_1, \gamma)}{\partial \gamma^2} \right|_{\gamma=0} = \frac{2B_2}{V_0} \qquad (6.3.1)$$

因此，根据表 4.1 可得方程组(6.3.2)。

注意：根据以上数据及公式所得结果的单位是 $1~\mathrm{eV/\mathring{A}^3}$，为了计算弹性常数，需要将单位统一成 GPa，$1~\mathrm{eV/\mathring{A}^3} = 160.2~\mathrm{GPa}$。

已知晶体 XY 的 B_3 结构未发生形变时的原胞体积 V_0 等于 $20.72~\mathring{A}^3$，将 3 个二阶偏导数值代入以下方程组：

$$\begin{cases} \dfrac{2B_2^1}{V_0} \cdot 160.2 = 2(C_{11} + C_{12} - P) \\[2mm] \dfrac{2B_2^2}{V_0} \cdot 160.2 = 4C_{44} - 2P \\[2mm] \dfrac{2B_2^3}{V_0} \cdot 160.2 = C_{11} - P \end{cases} \qquad (6.3.2)$$

即可解出相应的 3 个弹性常数 C_{11}，C_{12}，C_{44}。此处压强 P 对应具体的压强值。根据上述实例中的拟合数据得到晶体 XY 的 B_3 结构在零压下的弹性常数 C_{11}，C_{12}，C_{44} 分别为：273.537827，384.029527，-706.091271。

注意：高压下弹性常数的计算，需要先确定晶体原胞在此压强下的体积及晶格常数。将零温零压下得到的一组 E-V 数值按照原子种类 1∶1 换算成原子单位后，代入 EOS 程序，在输出文件 PVPAI. OUT 中找到相应压强下的晶体原胞体积，精确度控制在 10^{-5} 或 10^{-6} 就够了。再根据此体积计算出对应的晶格常数 a，计算方法与零压下晶格常数的计算方法类似，请参照第 6.2.2.3 小结。其他晶体结构的零压及高压结构弹性常数的计算方法与此一致，在此不再赘述。

第七章　利用 CASTEP 对晶体结构进行物性研究

7.1　CASTEP 基础操作

7.1.1　能量任务

下面以 Si 为例来讲解 CASTEP 的实战基础操作。

第一步：新建工程 project。

点击"开始"按钮，选择 Materials Studio，或直接点击快捷图标"⬚"打开 MS 程序。系统会要求选择新建一个工程还是打开之前已经建立的工程，这里选择新建一个工程，然后定义文件目录（自定义）、文件名及文件类型（Project File（ ＊ stp））。这里我们将新建的工程文件名定义为：Si. stp。这里建议打开 MS 的三个重要窗口：Job Explorer、Project Explorer、Properties Explorer，依次点击 View → Explorers 即可。其中，Job Explorer 用于显示正在运行的和已经完成的 job，服务器以及工作代码，另外还可以选中正在运行的 job，通过右击来终止及删除正在运行的 job；Project Explorer 在默认情况下是打开的，用于显示各种输入、输出文件，可以查看运行结果以及修改已经输入的参数值；在晶体结构的 3D 模型已经建立的条件下，Properties Explorer 可以显示晶体结构的物性数据，如：元素种类、晶格常数、晶胞体积和密度等。

第二步：构建晶体结构的 3D 模型

（1）晶体结构的 3D 模型可以通过依次点击 File → Import...，在 MS 内建的晶体结构分类中找到目标晶体；也可以通过手工输入目标晶体结构，步骤如下：依次点击 File → New... → 3D Atomistic，这时窗口会出现一个新的空白 3D 对象工作稿；

（2）查阅相关文献或者从 FINDIT 数据库中搜索目标晶体结构的空间群序号、晶格参数及原子坐标。经查阅，Si 的空间群序号为：Fd−3m 227，晶格常数为 5.43070 Å，原子坐标为(0，0，0)。

（3）手工输入晶体框架：回到 MS 主页视图，依次点击 Build → Crystals → Build Crystal...，在弹出的对话框中 Space Group 选项的 Enter group 位置输入

227；在 Lattice Parameters 选项的 Lengths 位置输入 5.43070，由于 Si 为立方晶系结构，因此其晶格常数 $a=b=c$，且 $\alpha=\beta=\gamma$，点击"Apply"按钮，此时 3D 对象工作稿中将出现晶体的框架结构。

（4）添加原子：回到 MS 主页视图，点击图标" ⬤ "，或者依次点击 Build → Add Atoms，在弹出的对话框中 Element 位置输入 Si，a、b、c 位置对应三个坐标轴上的原子的分数坐标，在此皆输入 0，最后点击按钮"Add"，此时晶体的 3D 结构已经完成；如果所研究的晶体结构为化合物，那其他原子的添加方法与此类似。需注意的是，虽然这里的操作只是添加了一个或者少数原子，但是实质上根据晶体结构的对称性，系统也自动添加了其他等位原子。

（5）转化为原胞：从 3D 视图可以看出，在构建晶体结构时，除了晶胞本身包含的所有原子（Si 的晶胞原子为 8 个），其临近晶胞的原子也被显示出来，也就是说图中同时显示了晶体中键的拓扑结构，因此需要重新构造晶体结构，具体操作步骤如下：回到 MS 主页视图，依次点击 Build → Crystals → Rebuild Crystal...，在弹出的对话框中，点击"Rebuild"按钮。经观察发现，Rebuild 步骤处理掉了晶体结构的边界位置上杂余的原子，进而变成了一个晶胞，从而加快了运行速度；如若构建的是一个超胞的话，Rebuild 步骤可以省略。重建后的 3D 视图中显示的是晶体结构的惯用晶胞（conventional cell），简称晶胞，它能够充分显示晶格的对称性，但如果 3D 晶胞模型中所含原子太多或者晶胞体积很大，那么计算机的计算量很可能会增加至难以负荷的程度。为了减少计算量，有效提高作业运行时间，这里需要根据晶格的对称性，把晶体结构转化为所含原子数最少、所占体积最小的结构，即转化为原胞（primitive cell），Si 的原胞中只包含有 2 个原子。因此将晶胞转换成原胞后，原子数大大减小，但晶体的电荷密度、键长和每个原子的总能量依然不变。具体转换步骤如下：回到 MS 主页视图，先依次点击 Build → Crystals → Rebuild Crystal...，在弹出的对话框中，点击"Rebuild"按钮，然后再次回到主页视图中依次点击 Build → Symmetry → Primitive Cell 即可。

（6）更改 3D 显示形式：在 3D 对象工作稿中，鼠标右击，选择 Display Style，在弹出的对话框中，Atom 选项对应有不同的显示类型：Line、Stick、Ball and stick 等，按照个人爱好选择即可，这里选择 Ball and stick 选项，效果如图 7.1 所示。

（7）更改 Label：在 3D 对象工作稿中，鼠标右击，选择 Label，在弹出对话框的 Properties 位置可选择多种标签，常用的有 Element Symbol，即以元素符号的形式显示部分原子或者全部原子，通过 Font 选项可以设置 Label 的字体及大小，Color 可用于设置 Label 的颜色。当然，我们也可以通过"Remove All"按钮删除所有的标签设置。

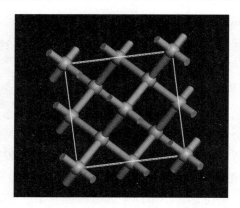

图 7.1　Si 原子的 3D 棍棒模型图

第三步：设置 CASTEP 计算任务及参数

CASTEP 模块采用了密度泛函理论中的赝势平面波方法。下面先简单介绍一下 CASTEP 能量任务。

（1）在晶体结构的 3D 模型工作稿的基础上，直接点击 MS 主页视图上方的图标"≈≈·"，选择 Calculation 选项，或者依次点击 Modules → CASTEP → Calculation，在弹出的对话框中，Setup 选项下，Task 位置选择 Energy，Quality 位置选择 Medium，Functional 位置选择 GGA 和 PBE，Metal 位置不勾选，如图 7.2 所示。

（2）Electronic 选项下，点击 More 按钮，弹出一个对话框，共有 Basis、SCF、k-points、Potentials 四个选项，分别对应截断能、收敛精度、K 点、赝势的选择。关于截断能和 K 点的选择，与前面 VASP 章节中的选择类似，我们需要根据参考文献先设定一项（如 K 点先设置为 10，10，10），再逐渐增加另外一项（截断能），通过比较计算得到总能收敛值来得到最佳截断能或 K 点，这里就不再仔细说明。SCF 选项中，SCF tolerance 为计算的收敛精度，Max. SCF cycles 为收敛的最大步数，这些参数根据自己研究的需要来选择，关于 Fix occupancy 的勾选需要注意：当研究的晶体是金属时，前面 Metal 勾选后此处为灰色，不可操作；当研究的晶体是半导体时，此处勾选，可以节省计算时间。Potentials 选项中，有超软赝势及模守恒赝势两项选择，根据不同的计算任务可以选择不同的赝势。完成以上设置后，Electronic 选项如图 7.3 所示。

（3）Properties 选项下可以指定我们要计算的附加任务。有态密度、能带结构、声子色散、布居数分析、声子密度、光学性质、应力等，后面我们会详细介绍一些附加任务的计算设置及分析。附加任务中声子色散及声子密度任务耗费的时间比较多(大概需要 2～14 天)，相对而言，其他的附加任务所费时间较短。

图 7.2　能量任务的 **Setup** 选项设置　　　图 7.3　能量任务的 **Electronic** 选项设置

(4)Job Control 选项下，Gateway location 位置选择程序运行的地方，若在本机运行则选择 My computer，并在 Run in parallel on 位置选择本机 CPU 运行的核数，最后点击"Run"按钮即可开始作业运行；若在远程机器上进行计算，设置完运行核数后，依次点击 More → Save Files，设置完文件的保存位置后，点"OK"按钮，将该设置文件提交给远程机器后，即可开启远程作业计算。

以上步骤完成后，Job Explorer 的 status 会显示正在 running 的作业，任务结束后，界面会跳出一个窗口，会显示任务已经完成，并且在 Project Explorer 中会新增文件夹(如 Si CASTEP Energy)，其中包括各种输出文件，有工作参数设置的输出文件(文件扩展名为 param)以及包含所有优化信息的输出文本文件(文件扩展名为 castep)，其他的输出文件随着性质任务的不同而不同。双击打开 Si.castep 使其成为当前工作文件，下拉文件内容，在倒数几行，我们会找到晶体结构的最低总能 Final energy，将此数据记录到 Excel 中。

能量任务是 CASTEP 的基础任务，通过能量任务我们可以确定出具有最佳计算精度的截断能、Monkhorst-Pack 网格 K 点。另外，很多附加性质的计算也是以能量任务为背景的，如：能带结构、态密度、声子色散等，后面我们将依次介绍部分附加性质任务的计算。然而，这些附加性质任务开始的前提是先启动 CASTEP 几何优化任务。

7.1.2　几何优化任务

通常情况下，由于晶体结构具有对称性，晶体结构受力等于 0。在几何优化过程中，晶胞体积及原子坐标都在不断发生改变，而应力的大小决定了晶格参数。因此，系统就会反复去最小化晶体体系的总能量和应力。为了顺利完成计算任务，必须检查压力收敛。通过几何优化任务，我们可以得知晶体结构在零温零压及高压下的最低总能，进而可得到晶体最稳定结构的平衡常数。具体操作步骤如下：

（1）在晶体原胞 3D 模型工作稿的基础上，点击 MS 主页视图上方的图标"〰"，选择 Calculation，在弹出的对话框中，Setup 选项下，Task 位置选择 Geometry Optimization，其他位置的设置与能量任务中的一致，点击"More"按钮，这里需要勾选上 Optimize Cell，其含义为优化晶胞/原胞，即晶胞/原胞会发生变动。几何优化的默认设置为固定晶胞/原胞不动，仅优化原子坐标，但在实际操作中，我们不仅需要优化原子坐标，还需要优化体积，即优化晶格常数，因此 Optimize Cell 必须勾选。其他参数为几何优化的精度设置，当 Quality 选择发生改变时，其他参数同时发生相应变化，这里选择默认值即可。

（2）Electronic 选项下，点击"More"按钮，弹出一个对话框，Basis 选项中，勾选 Use custom energy cutoff，并在其后输入已经计算出的最佳截断能（Si 为 500 eV）；SCF 选项中，勾选 Fix occupancy；k-points 选项中，点击 Custom grid parameters，在 grid parameters 的 a、b、c 位置下输入已经计算出的最佳 K 点（Si 为 15，15，15）；Potentials 选项中，Scheme 处选择适当的赝势。

（3）Properties 选项下不勾选任何附加任务。

（4）Job Control 选项的设置与前面介绍的一致。

（5）点击"Run"按钮，开始作业运行。

（6）检查计算是否成功结束：在 Project Explorer 内，找到 Si. castep，双击即可将其激活为当前工作文件。回到 MS 主页视图上方，依次点击 Edit → Find...，在弹出的对话框中，查找内容位置输入：completed successfully，点击查找下一个按钮，若在当前工作文件中看到"BFGS：Geometry optimization completed successfully."语句，说明计算成功结束。（如果可以确保计算成功运行结束，该步骤可以省略）

作业运行完毕后，Project Explorer 内出现了新文件夹 Si CASTEP GeomOpt，其中包含了几何优化的所有输出文件，如有 Si. xsd、status. txt、Si Convergence. xcd、Si Energies. xcd、Si. xtd、Si. param 及 Si. castep。其中 Si. xcd 为最后的优化结构；Si. xtd 为优化前的晶体结构，是一个轨迹文件；status. txt 包含了系统运行状态的信息（有的版本可能没有此输出文件）；Si Energies. xcd 为晶体结构的总能量、能量变化随迭代次数变化的图表；Si Convergence. xcd 为应力、压力和位移随迭代次数变化的图表。双击打开 Si. castep 使其成为当前工作文件，下拉文件内容，在倒数几行，找到 Current cell volume 及 Final energy 后面的数据，这便是几何优化后晶体结构的体积及总能，将此数据拷贝到 Excel 中以备后用。

通过几何优化，晶体结构的上层原子会更加靠近，进而消除了未键结的电子，因此降低了体系总能，这时得到的晶体结构就是最优结构。这里有两种读取晶体最稳定结构的平衡常数的方法。

（1）在 Project Explorer 的新文件夹 Si CASTEP GeomOpt 内，双击最后的优化结构 Si. xsd；在其 3D 模型工作稿中右击选择 Lattice Parameters，弹出的对话框中即可显示晶体结构的所有平衡常数（见图 7.4）。

（2）同样双击最优结构 Si. xsd，使其成为当前 3D 模型工作稿。在 Properties Explorer 中选择 Lattce 3D，即可看到该晶体结构的所有平衡常数（见图 7.5）。

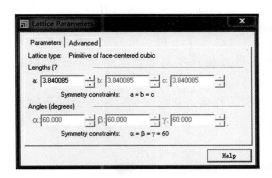

图 7.4　Lattice sParameter

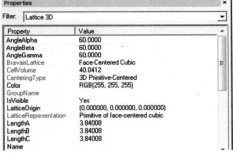

图 7.5　Lattice 3D Properties

（3）在 Project Explorer 的新文件夹 Si CASTEP GeomOpt 内，找到 Si. castep，双击打开后下拉，在该文件中亦可找到最优结构的所有平衡常数（见图 7.6）。

```
        Lattice parameters(A)        Cell Angles
   a =      3.840085          alpha =  60
   b =      3.840085          beta  =  60
   c =      3.840085          gamma =  60

Current cell volume =    40.0412 A**3
```

图 7.6　Si. castep 中的平衡常数

几何优化过程中，由于晶体的原子坐标及晶格参数都发生了变动，因此电子密度分布（电子云）也发生了改变。几何优化任务结束后，我们还可以选择是否可视化电荷密度。具体操作步骤如下：

(1)双击打开 Si CASTEP GeomOpt 文件夹下的 Si. castep 输出文件，点击 MS 主页视图上方的图标"≋▾"，选择 Analysis，在弹出的对话框中选择 Electron density；

(2)双击几何优化好的晶体结构 Si. xsd，使其成为当前 3D 模型工作稿。该操作实质上是指定显示等密度面的对象。

(3)回到 CASTEP Analysis 对话框，此时"Import"按钮已经成为激活状态，点击此按钮后，当前 3D 模型工作稿上已经显示了晶体结构的电子密度等值面。

(4)在 3D 模型工作稿中右击选择 Display Style，在弹出的对话框中，选择 Isosurface 选项。其中，Visible 的勾选与否决定是否移走等密度面；Transparency 位置处滑条的移动代表等密度面的透明度；调节 Isovalue 的数值后按 Tab 键可以详细观察等密度面的分布情况。

(5)Atom 选项下，在 Display Style 部分选择 CPK，这时晶体结构中可以很清晰地看到原子，调节 CPK scale 位置的数值后按 Tab 键，可对应调整原子的大小，这时再通过调整等密度面的透明度便可直接观察到等密度面与原子的相对位置。

如图 7.7 所示，蓝色部分对应等密度面的外面，灰色部分对应等密度面的里面。根据等密度面的颜色、形状、数值及包裹的原子可以观察电荷集中哪个部位，进而判断晶体的种类。

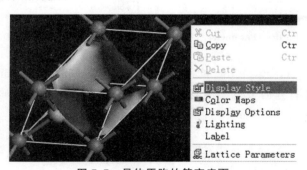

图 7.7　晶体原胞的等密度面

7.2　弹性常数

具体操作步骤如下：

(1)双击几何优化好的晶体结构 Si. xsd，点击 MS 主页视图上方的图标"≋▾"，选择 Calculation，在弹出的对话框中，Setup 选项下，Task 位置选择

Elastic Constants；Electronic 选项、Properties 选项和 Job Control 选项下的参数设置与几何优化任务的设置一致。设置完成后，点击"Run"按钮，开始作业运行。

作业运行完毕后，Project Explorer 内出现新文件夹 Si CASTEP C_{ij}，其中包含输出文件：Si Convergence. xcd、Si Energies. xcd、Si. castep、Si. param、Si. xsd、Si_cij__x__y. castep、Si_cij__x__y. param 及 status. txt(其中 x 和 y 取值为 1～6，具体情况与晶体结构的对称性有关)。

(2)双击打开 Si. castep 输出文件，点击 MS 主页视图上方的图标"〰〰▾"，选择 Analysis，在弹出的对话框中选择 Elastic constants，Results file 位置根据文件所在路径找到 Si. castep(若前面已将此文件双击成为当前工作文件，则此步骤可忽略)，再点击"Calculate"按钮。此时会新增输出文件 Si Elastic Constants. txt，并且成为当前工作文件。下拉后会看到各个弹性常数的汇总。

7.3　能带结构和态密度

具体操作步骤如下：

(1)双击几何优化好的晶体结构，如 Si. xcd，点击 MS 主页视图上方的图标"〰〰▾"，选择 Calculation，在弹出的对话框中，Setup 选项下，Task 位置选择 Properties(也可以选择 Energy)。

(2)Electronic 选项与 Job Control 选项的设置与前面介绍一致。

(3)Properties 选项下，勾选 Band structure 和 Density of states。如果需要计算投影态密度，在 Density of states 处勾选上时，再在 Properties 选项下的 Calculate PDOS 位置打勾，最后点击"Run"按钮开始作业运行。

作业运行完毕后，Project Explorer 内会出现新文件夹 Si CASTEP Properties，其中具体包含了输出文件：status. txt、Si_BandStr. param、Si_BandStr. castep、Si_DOS. param、Si_DOS. castep。

(4)双击打开 Si_BandStr. castep 输出文件，点击 MS 主页视图上方的图标"〰〰▾"，选择 Analysis，在弹出的对话框中选择 Band structure，再点击"View"按钮，这时就会出现晶体结构的能带结构图，移动鼠标滚轮可以实现能带图的缩小及放大。能带图的横坐标为布里渊区的高对称点，选择 Si. xsd 使其变为工作窗口，点击 Project Explorer 中的图标"〰〰 Si - Calculation"，弹出 CASTEP 计算对话框，在 Properties 选项下勾选 Band structure，点击"More"按钮，在新弹出的对话框中点击 path，在 Brillouin Zone Path 处点击 Create，此时对话框中便会显示能带图中布里渊区高对称点的坐标。

（5）同理，双击打开 Si_DOS.castep 输出文件，点击 MS 主页视图上方的图标"≋▾"，选择 Analysis，在弹出的对话框中选择 Density of states，再勾选 Full 或者 Partial（对应投影态密度），最后点击"View"按钮，这时就会出现晶体结构的态密度图。

当然，从以上步骤可以看出，在分析图表时，我们可以将能带图及态密度图显示在一个图中，只需在 Analysis 对话框中，选择 Band structure 后，在 DOS 部分勾选 Show DOS，点击"View"按钮即可。

（6）图片的储存：双击打开分析后要保存的图片，如 Si_BandStr Band structure.xcd，依次点击 File → Export...，在弹出的对话框中，文件类型选择 Bitmap File(*.bmp)，文件名自定义，最后点击保存即可。

7.4 声子色散

7.3.1 非金属材料声子谱的计算

非金属（以 Si 为例）晶体结构声子谱的计算与其他性质任务一样，需要先进行几何优化。但这里的几何优化与前面的参数设置稍有不同。需要注意的有几点：

（1）因为晶体为非金属，所以 Setup 选项下 Metal 处不勾选；

（2）Electronic 选项下，Pseudopotentials 位置选择 Norm-conserving，这是由于声子谱计算不支持超软赝势；点击"More"按钮，在弹出的对话框中，SCF 选项中，Fix occupancy 不勾选。

下面重点介绍声子谱的计算步骤：

①双击几何优化好的 3D 结构作为当前工作稿，点击 MS 主页视图上方的图标"≋▾"，选择 Calculation，在弹出的对话框中，Setup 选项下，Task 位置选择 Energy。

②Electronic 选项下，Pseudopotentials 位置选择 Norm-conserving，点击"More"按钮，在弹出的对话框中，SCF 选项中，勾选 Fix occupancy。由于声子谱的计算要求精度比较高，因此这里可以适当改变 SCF tolerance 及 Max.SCF cycles，如收敛精度选择 1×10^{-6} eV/atom，步数增加至 1000。

③Properties 选项下，勾选 Phonons，并在 Phonons 部分勾选 Dispersion，不勾选 Calculate LO-TO splitting，Method 位置选择 Finite displacement，如图 7.8 所示，再点击"More"按钮；在弹出的对话框中，Dispersion 部分的 Quality 选项下选择 Fine，点击右侧按钮 Path...；在弹出的对话框中点击"Create"按钮，这时将显示晶体结构在布里渊区的高对称点的坐标，声子谱将会按照此高对称点的坐标而展开；再回到 Dispersion 部分下面的 Density of states 部分，其对应的 Quality 选项选择 Fine，如图 7.9 所示，再点击"More"按钮；在弹出的对话框中，DOS q-vectors 部分的 Quality 选项选择 Fine。

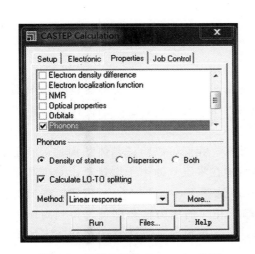

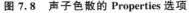

图 7.8　声子色散的 Properties 选项

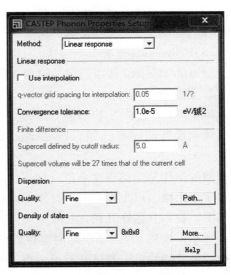

图 7.9　Phonon Properties Setup 选项

④其他未说明的参数设置与前面一致或者选择默认选项。设置完成后，点击"Run"按钮，作业开始运行。

声子谱的计算时间比较长，这个依赖于晶体体系的复杂程度以及计算收敛精度的设置。当作业运行结束后，Project Explorer 内出现新文件夹 Si CASTEP Energy，其中包含输出文件：Si. castep、Si. param、Si. xsd、Si _ PhonDisp. castep、Si _ PhonDisp. param、Si _ PhonDOS. param、Si _ PhonDOS. castep、Si. bands。

⑤双击打开 Si _ PhonDisp. castep 输出文件，点击 MS 主页视图上方的图标"≋"，选择 Analysis，在弹出的对话框中选择 Phonon dispersion，再点击"View"按钮，这时工作稿窗口就会出现晶体结构的声子色散图。

7.3.2　金属材料声子谱的计算

为了区分不同材料声子谱计算参数设置的不同，这里特别再说明金属材料（以 Fe 为例）声子谱的计算设置。

1. 几何优化任务

（1）Setup 选项下，Task 为 Geometry Optimization（点击"More"按钮后 Optimize cell 处不勾选）；Quality 为 Medium；Functional 为 LDA 与 CA-PZ；勾选 Spin polarized；勾选 Metal，其他设置默认即可。

（2）Electronic 选项下，Pseudopotentials 为 Ultrasoft，其他设置为 Medium。

（3）Properties 选项下不勾选。

（4）Job Control 选项与前面设置相同。

2. 能量任务

除了 Task 选择为 Energy，Setup 选项和 Electronic 选项的参数设置与前面几何优化任务的设置一致；Properties 选项中的参数设置与非金属材料的设置一致。

通过晶体结构的声子色散，即声子谱计算，我们可以验证晶体结构是否满足动力学稳定性。以上内容只是介绍了晶体结构在零压下的声子谱计算，对于高压条件下，我们只需在几何优化任务中，Setup 选项下，点击"More"按钮，弹出的对话框中，找到 Stess 选项的对应位置，输入相应的压力参数即可。得到高压下优化的最佳结构后，再进行后面的声子谱计算，即可验证晶体结构在高压下的动力学稳定性。

第八章　高硬度材料 MN 的研究进展

在第一章已经提到，为了合成高硬度材料，通常会在过渡金属内部掺杂轻质元素 B、C、N 等，这样在结构内部就会存在局域而定向的共价键，相应地也就增加了物质材料的各个弹性模量，进而提高了硬度。然而过渡金属种类繁多，这 20 多种过渡金属与哪种轻质元素的合成物最具应用潜力？过渡金属与轻质元素化合物之间的配比又是多少？这些问题涉及的将是一个非常复杂的课题。

为了解决以上问题，我们可以从最简单的配比为 1∶1 的过渡金属单氮化合物 MN 开始。然而就像金刚石与石墨一样，它们都是由碳元素组成的，但是却属于不同的物质，拥有截然不同的物理、化学性质。换句话说，同一化合物可以是不同的物质种类。归根到底则是因为相同的化合物可以是不同的晶体结构。这些相同化合物的不同晶体结构是怎么样形成的？它们之间有什么样的区别？在零温零压或常温常压下它们都可以稳定存在吗？它们在实验上都可以获得吗？它们之间是否可以相互转化呢？它们又有怎样不同的物理性质呢？这些问题都需要我们深入探索，各个击破。

同一种过渡金属单氮化合物 MN 具体存在哪几种结构呢？早在 19 世纪初，人们认为物质的晶体结构类型主要基于自然界存在，是实验室可以得到的，并且有的学者认为只要是实验室可以得到的，说明就是可以稳定存在的。因此早期的过渡金属单氮化合物研究主要针对的是实验上已经发现的物质结构。然而随着科学的发展，有的物质结构被证实的确是稳定的，而有的却被证实是不稳定的，另外，在实验中还合成了其他类型的晶体结构，这在一定程度上就给了人们更深的思考。

我们知道，同一种物质可以有多种不同的晶体结构。这些晶体结构有的可以在实验中合成，有的还没有被合成，而合成的晶体结构有的是稳定的，有的是不稳定的。那同一种物质到底可以合成几种物质结构呢？随着越来越多的科研工作者投入到研究过渡金属化合物的性质研究，人们发现，在元素周期表中同周期或同一族的过渡金属中掺入相同配比的非金属原子而形成的化合物可能具有相同的晶体结构。基于以上观点，人们发现越来越多的潜在晶体结构。要在这众多的晶体结构中找出最稳定的一个，就需要真正理解"稳定"的含义。

要判断晶体结构是否处于稳定状态，我们需要从热力学、结构力学、动力学三方面分析。热力学上，最稳定的晶体原胞在零温零压下具有最小能量值；结构力学上，判断晶体结构的稳定性需要代入相应的稳定性条件公式；动力学上，稳定晶体结构在零温零压下的声子色散曲线中没有虚频出现。另外，在热力学上，通过绘制不同晶体结构的原胞焓差随压强的变化曲线，我们可以得知最稳定的晶体结构会在多大压强下转化为另一种晶体结构。

8.1　MN 的晶体结构

下面主要说明一下过渡金属单氮化合物 MN（又称为 B 型）的晶体结构。常见的过渡金属单氮化合物有 B_1、B_2、B_3、B_4、B_8、B_h 六种类型，它们分别对应 NaCl、CsCl、Zincblende（ZB）、Wurtzite（WZ）、NiAs、WC 的分子结构类型，具体结构如图 8.1～图 8.6 所示。

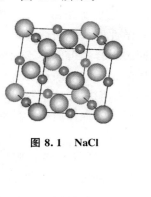
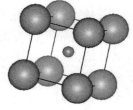

图 8.1　NaCl　　　　　图 8.2　CsCl

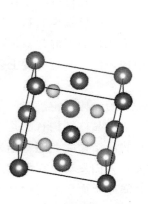

图 8.3　Zincblende　　　图 8.4　Wurtzite

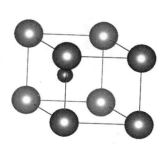
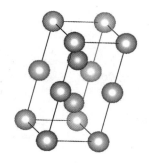

图 8.5　NiAs　　　　　图 8.6　WC

由以上图示可以得知：B_1、B_2、B_3晶体结构类型的空间群属于立方晶系，其中 B_1 与 B_3 属于面心结构，而 B_2 属于体心结构；B_4、B_8、B_h 晶体结构的空间群属于六角晶系。这些晶体结构的主要区别在于各个晶格基矢及原子坐标是并不相同的，正是这些区别导致了它们具有不同的化学键，进而有各不相同的物理性质。这六种晶体结构的晶格基矢及原子坐标分别如下：

(1)B_1(NaCl)

0.0	0.5	0.5
0.5	0.0	0.5
0.5	0.5	0.0

1　1

Direct

0.0	0.0	0.0
0.5	0.5	0.5

(2)B_2(CsCl)

1.0	0.0	0.0
0.0	1.0	0.0
0.0	0.0	1.0

1　1

Direct

0.0	0.0	0.0
0.5	0.5	0.5

(3)B_3(ZB)

0.0	0.5	0.5
0.5	0.0	0.5

0.5	0.5	0.0

1　1

Direct

0.00	0.00	0.00
0.25	0.25	0.25

(4)B_4(WZ)

0.500	−0.866	0.000
0.500	0.866	0.000
0.000	0.000	c/a

2　2

Direct

0.5	$1/2\sqrt{3}$	0.00
0.5	$-1/2\sqrt{3}$	0.5c/a
0.5	$1/2\sqrt{3}$	uc/a
0.5	$-1/2\sqrt{3}$	(0.5+u)c/a

(5)B_8(NiAs)

0.500	−0.866	0.000
0.500	0.866	0.000
0.000	0.000	c/a

2　2

Direct

0.00	0.00	0.00
0.00	0.00	0.5c/a
0.5	$1/\sqrt{12}$	0.25c/a
0.5	$-1/\sqrt{12}$	0.75c/a

(6)B_h(WC)

0.500	−0.866	0.000
0.500	0.866	0.000
0.000	0.000	c/a

11

Direct

0.00	0.00	0.00
0.50	$-1/\sqrt{12}$	0.5c/a

8.2　MN 的研究进展

关于 ScN，Zhao 等人[72]利用 CASTEP 中 GGA-PBE 形式的超软赝势，研究了 B_1、B_2、B_3、B_4 四种晶体结构，发现除了 ScN-B_2 是唯一机械不稳定的相，ScN-B_1 在零温零压下最为稳定，并在 270.7GPa 下相变为 ScN-B_2 结构。Zhu 等人[73]利用同样的方法研究了 TiN 的 B_1、B_2、B_3、B_h 四种晶体结构，同样发现 TiN-B_1 在零温零压下是最稳定的，并在 341.9GPa 下相变为 TiN-B_h 结构。Hao 等人[74]研究发现 VN-B_1 在零温零压下最为稳定，并在 189GPa 下相变为 VN-B_2 结构。Lin 等人[75]利用 VASP 中的 GGA-LDA 的缀加投影波法研究了 CrN 的 B_1、Pnma 两种结构，发现 CrN-B_1 是在零温零压下的最稳定结构，并在 132GPa 下相变为 Pnma 结构。然而，在 2014 年，Liu 等人[76]在研究 3d 过渡金属单氮化合物的物理性质时，发现 ScN、TiN、VN、CrN 四种物质的 B_1 结构在零温零压下是最稳定的结构，这一结果不仅与实验值相互吻合，也与前述的理论研究[72-74]相一致，并且 Liu 等人[75]得出 MnN、FeN、CoN、NiN 的 B_3 结构是最稳定的，这与 2013 年 Rajeswarapalanichamy 等人[76]提出的完全相悖。

同样地，关于 4d 和 5d 过渡金属单氮化合物的研究也有很多[77-84]，并且研究结果随着计算技术的发展在不断更新。在表 8.1、表 8.2、表 8.3 中依次列出了对于 3d、4d、5d 过渡金属单氮化合物的研究进展总结。

表 8.1　3d 过渡金属单氮化合物的性质

	Ground state	a (Å)	B	G	E	σ	H_{VA}
ScN	B_1	4.543	197	155	369	0.19	24.9
TiN	B_1	4.258	280	189	462	0.22	24.0
VN	B_1	4.133	318	153	395	0.29	14.0
CrN	B_1	4.064	329	41	119	0.44	1.20
MN	B_3	4.269	268	45	127	0.42	1.8
FeN	B_3	4.243	268	80	219	0.36	5.2
CoN	B_3	4.265	246	53	148	0.40	2.7
NiN	B_3	4.336	212	29	84	0.43	1.1

表 8.2 4d 过渡金属单氮化合物的性质

	Ground state	a (Å)	c (Å)	B	G	E	σ	H_{VA}
YN	B_1	4.89		162	123	295	0.20	20.3
ZrN	B_1	4.58		255	158	393	0.24	19.2
NbN	B_h	2.95	2.87	316	209	515	0.23	25.3
MoN	B_8	2.85	5.66	351	239	585	0.22	28.7
TcN	B_8	2.79	5.67	346	166	432	0.30	14.9
RuN	B_8	2.94	5.24	307	144	376	0.30	13.1
RhN	B_8	3.04	5.17	298	102	275	0.35	7.2
PdN	B_3	4.67		192	16	47	0.45	0.4

表 8.3 5d 过渡金属单氮化合物的性质

	Ground state	a (Å)	c (Å)	B	G	E	σ	H_{VA}
LaN	B_1	5.348		115	77	188	0.23	12.6
HfN	B_1	4.627		272	155	390	0.26	17.3
TaN	B_h	2.922	2.865	384	261	638	0.22	30.5
WN	B_8	2.913	5.839	349	211	526	0.25	23.0
ReN	B_4	2.750	6.641	349	151	396	0.31	12.4
OsN	B_4	2.745	6.653	331	204	507	0.24	22.9
IrN	B_4	2.847	6.565	253	60	167	0.39	3.3
PtN	B_4	3.007	6.614	124	39	107	0.36	3.3

由以上表格中的数据可以得知，3d 过渡金属单氮化合物中的 ScN、TiN；4d 过渡金属单氮化合物中的 YN、ZrN、NbN、MoN；5d 过渡金属单氮化合物中的 HfN、TaN、WN、OsN，这些化合物的维氏硬度都在 15GPa 以上，并且泊松比都小于 1/3，皆表现为脆性，因此在工业制造上具有很大的应用潜力。对于其他复杂的过渡金属化合物的研究还在不断继续，在接下来的课题研究中，我们一起期待更精彩的结果。

参 考 文 献

[1]张钧林，严彪，王德平. 材料科学基础[M]. 北京：化学工业出版社，2006.

[2]Gregoryanz E，Sanloup C，Somayazulu M，et al. Synthesis and characterization of a binary noble metal nitride[J]. Nature materials，2004，3(5)：294.

[3] Ono S，Kikegawa T，Ohishi Y. A high-pressure and high-temperature synthesis of platinum carbide[J]. Solid state communications，2005，133(1)：55.

[4]Chen X J，Struzhkin V V，Wu Z，et al. Hard superconducting nitrides [J]. Proceedings of the National Academy of Sciences，2005，102(9)：3198.

[5] Ganin A Y，Kienle L，Vajenine G V. Synthesis and characterisation of hexagonal molybdenum nitrides[J]. Journal of Solid State Chemistry，2006，179 (8)：2339.

[6]Moreno-Armenta M G，Diaz J，Martinez-Ruiz A，et al. Synthesis of cubic ruthenium nitride by reactive pulsed laser ablation[J]. Journal of Physics and Chemistry of Solids，2007，68(10)：1989.

[7]Juarez-Arellano E A，Winkler B，Friedrich A，et al. Reaction of rhenium and carbon at high pressures and temperatures[J]. Zeitschrift für Kristallographie-Crystalline Materials，2008，223(8)：492.

[8]Wani T A，Singh P，Khan A S，et al. A Study of Thermodynamic Properties of Transition Metal Diborides[J]. Recent Research in Science and Technology，2010，2 (5)：107.

[9]Sun X W，Zeng Z Y，Song T，et al. First-principles calculations of phase transition and bulk modulus of PtC[J]. Chemical Physics Letters，2010，496(1-3)：64.

[10]Born M H K. Dynamical Theory of Crystal Lattices[M]. New York：Oxford Universityes Press，1954.

[11]谢希德，陆栋. 固体能带理论[M]. 上海：复旦大学出版社，1998.

[12]曾谨言. 量子力学：卷一[M]. 北京：科学出版社，2006.

[13]冯端，金国钧. 凝聚态物理学[M]. 北京：高等教育出版社，2003.

[14]李正中. 固体理论[M]. 北京：高等教育出版社，2002.

[15]LöwdinP O. Quantum Theory of Atoms, Molecules and the Solid State [M]. New York: Academic Press, 1996.

[16]Kohn W, Sham L J. Self-Consistent Equations Including Exchange and Correlation Effects[J]. Physical Review, 1965, 140(4A): A1133.

[17] KochW, HolthausenM C. A chemist's guide to density functional theory[M], Weinheim: Wiley-Vch, 2001.

[18]March N H. The Thomas-Fermi approximation in quantum mechanics [J]. Advances in Physics, 1957, 6(21): 1.

[19]Hohenberg P, Kohn W. Inhomogeneous electron gas[J]. Physical review, 1964, 136(3B): B864.

[20] Perdew J P, Burke K, Ernzerhof M. Generalized gradient approximation made simple[J]. Physical review letters, 1996, 77(18): 3865.

[21] Ceperley D M, Alder B J. Ground state of the electron gas by a stochastic method[J]. Physical Review Letters, 1980, 45(7): 566.

[22] Perdew J P, Zunger A. Self-interaction correction to density-functional approximations for many-electron systems[J]. Physical Review B, 1981, 23(10): 5048.

[23]Hedi L, Lundquist S. Solid State Physics[M]. New York: Academic Press, 1969.

[24] Vosko S H, Wilk L, Nusair M. Accurate spin-dependent electron liquid correlation energies for local spin density calculations: a critical analysis [J]. Canadian Journal of physics, 1980, 58(8): 1200.

[25] Perdew J P, Chevary J A, Vosko S H, et al. Atoms, molecules, solids, and surfaces: Applications of the generalized gradient approximation for exchange and correlation[J]. Physical review B, 1992, 46(11): 6671.

[26]Bloch F. Über die quantenmechanik der elektronen in kristallgittern[J]. Zeitschrift für physik, 1929, 52(7-8): 555.

[27]Heine V, Weaire D. Pseudopotential theory of cohesion and structure [J]. Solid state physics, 1970, 24: 249.

[28]Heine V. The pseudopotential concept[J]. Solid state physics, 1970, 24: 1.

[29] Hamann D R, Schlüter M, Chiang C. Norm-conserving pseudopotentials [J]. Physical Review Letters, 1979, 43(20): 1494.

[30]Kleinman L, Bylander D M. Efficacious form for model pseudopotentials[J]. Physical Review Letters, 1982, 48(20): 1425.

［31］Vanderbilt D. Soft self-consistent pseudopotentials in a generalized eigenvalue formalism［J］. Physical review B，1990，41(11)：7892.

［32］Slater J C. An augmented plane wave method for the periodic potential problem［J］. Physical Review，1953，92(3)：603.

［33］Mattheiss L F. Energy bands for solid argon［J］. Physical Review，1964，133(5A)：A1399.

［34］Andersen O K. Linear methods in band theory［J］. Physical Review B，1975，12(8)：3060.

［35］Blöchl P E，Jepsen O，Andersen O K. Improved tetrahedron method for Brillouin-zone integrations［J］. Physical Review B，1994，49(23)：16223.

［36］Monkhorst H J，Pack J D. Special points for Brillouin-zone integrations ［J］. Physical review B，1976，13(12)：5188.

［37］Zhi-Ming L，Tian C，Yan-Ming M，et al. Interactions in Nb2H and its electronic structure［J］. Acta Physica Sinica，2007，56(8)：4877-4883.

［38］Tersoff J. Empirical interatomic potential for carbon，with applications to amorphous carbon［J］. Physical Review Letters，1988，61(25)：2879.

［39］Wendel H，Martin R M. Theory of structural properties of covalent semiconductors［J］. Physical Review B，1979，19(10)：5251.

［40］Kresse G，Furthmüller J，Hafner J. Ab initio force constant approach to phonon dispersion relations of diamond and graphite［J］. Europhysics Letters，1995，32(9)：729.

［41］Giannozzi P，De Gironcoli S，Pavone P，et al. Ab initio calculation of phonon dispersions in semiconductors［J］. Physical Review B，1991，43(9)：7231.

［42］Blanco M A，Francisco E，Luana V. GIBBS：isothermal-isobaric thermodynamics of solids from energy curves using a quasi-harmonic Debye model［J］. Computer Physics Communications，2004，158(1)：57.

［43］Vinet P，Rose J H，Ferrante J，et al. Universal features of the equation of state of solids［J］. Journal of Physics：Condensed Matter，1989，1(11)：1941.

［44］Cohen R E，Gu lseren O，Hemley R J. Accuracy of equation-of-state formulations［J］. American Mineralogist，2000，85(2)：338.

［45］Murnaghan F D. The compressibility of media under extreme pressures ［J］. Proceedings of the national academy of sciences of the United States of America，1944，30(9)：244.

[46]Anderson O L, Anderson O L, Lee P A. Equations of state of solids for geophysics and ceramic science[M]. Oxford: Clarendon Press, 1995.

[47]Birch F. Finite elastic strain of cubic crystals[J]. Physical review, 1947, 71 (11): 809.

[48] Birch F. Finite strain isotherm and velocities for single-crystal and polycrystalline NaCl at high pressures and 300 K[J]. Journal of Geophysical Research: Solid Earth, 1978, 83(B3): 1257.

[49]Poirier J P, Tarantola A. A logarithmic equation of state[J]. Physics of the Earth and Planetary Interiors, 1998, 109(1-2): 1.

[50]Haines J, Leger J M, Bocquillon G. Synthesis and design of superhard materials[J]. Annual Review of Materials Research, 2001, 31(1): 1.

[51]Sin'Ko G V, Smirnov N A. Ab initio calculations of elastic constants and thermodynamic properties of bcc, fcc, and hcp Al crystals under pressure [J]. Journal of Physics: Condensed Matter, 2002, 14(29): 6989.

[52]NyeJ F. Physical Properties of Crystals[M]. Oxford: Clarendon Press, 1985.

[53] Frantsevich I N. Elastic constants and elastic moduli of metals and insulators[M]. Kiev: Naukova Dumka, 1983.

[54]Pugh S F. XCII. Relations between the elastic moduli and the plastic properties of polycrystalline pure metals[J]. The London, Edinburgh, and Dublin Philosophical Magazine and Journal of Science, 1954, 45(367): 823

[55]Steinle-Neumann G, Stixrude L, Cohen R E. First-principles elastic constants for the hcp transition metals Fe, Co, and Re at high pressure[J]. Physical Review B, 1999, 60(2): 791.

[56]Chung D H, Buessem W R. The elastic anisotropy of crystals[J]. Journal of Applied Physics, 1967, 38(5): 2010.

[57] Ranganathan S I, Ostoja-Starzewski M. Universal elastic anisotropy index[J]. Physical Review Letters, 2008, 101(5): 055504.

[58]Hill R. The elastic behaviour of a crystalline aggregate[J]. Proceedings of the Physical Society. Section A, 1952, 65(5): 349.

[59]Anderson O L. A simplified method for calculating the Debye temperature from elastic constants[J]. Journal of Physics and Chemistry of Solids, 1963, 24 (7): 909.

[60] Teter D M. Computational alchemy: the search for new superhard materials[J]. Mrs Bulletin, 1998, 23(1): 22.

［61］Chen X Q，Niu H，Li D，et al. Modeling hardness of polycrystalline materials and bulk metallic glasses［J］. Intermetallics，2011，19(9)：1275.

［62］Tian Y，Xu B，Zhao Z. Microscopic theory of hardness and design of novel superhard crystals［J］. International Journal of Refractory Metals and Hard Materials，2012，33：93.

［63］Gao F，He J，Wu E，et al. Hardness of covalent crystals［J］. Physical review letters，2003，91(1)：015502.

［64］Kresse G，Furthmüller J. Efficient iterative schemes for ab initio total-energy calculations using a plane-wave basis set［J］. Physical review B，1996，54 (16)：11169.

［65］Segall M D，Lindan P J D，Probert M J，et al. First-principles simulation：ideas，illustrations and the CASTEP code［J］. Journal of Physics：Condensed Matter，2002，14(11)：2717.

［66］Pfrommer B G，Côté M，Louie S G，et al. Relaxation of crystals with the quasi-Newton method［J］. Journal of Computational Physics，1997，131(1)：233.

［67］Wang Y，Lv J，Zhu L，et al. Crystal structure prediction via particle-swarm optimization［J］. Physical Review B，2010，82(9)：094116.

［68］Momma K，Izumi F. VESTA：a three-dimensional visualization system for electronic and structural analysis［J］. Journal of Applied Crystallography，2008，41 (3)：653.

［69］Momma K，Izumi F. VESTA 3 for three-dimensional visualization of crystal，volumetric and morphology data［J］. Journal of applied crystallography，2011，44(6)：1272.

［70］Woo K G，Lee J H，Kim M H，et al. FINDIT：a fast and intelligent subspace clustering algorithm using dimension voting［J］. Information and Software Technology，2004，46(4)：255.

［71］李润明，吴晓明. 图解 Origin 8.0 科技绘图及数据分析［M］. 北京：人民邮电出版社，2009.

［72］Zhao Y，Zhu J，Hao Y，et al. Electronic structure，phase transition，and elastic properties of ScC under high pressure［J］. Journal of the Korean Physical Society，2015，67(12)：2070.

［73］Zhu B，Li Y，Zhu J，et al. Phase transition and elastic properties of TiN under pressure from first-principles calculations ［J］. Computational Materials Science，2014，86：200.

[74]Hao A M，Yang X C，Zhang L X，et al. First-Principles Investigations on Electronic，Elastic and Thermodynamic Properties of VN under High Pressure[J]. Advanced Materials Research，2012，(550-553)：2805.

[75] Lin H，Zeng Z. Structural，electronic，and magnetic properties of CrN under high pressure[J]. Chinese Physics B，2011，20(7)：077102.

[76] Rajeswarapalanichamy R，Santhosh M，Priyanga G S，et al. Electronic，structural and ground state properties of 3d transition metal mononitrides：A first principles study[J]. Applied Physics and Material Science，2013，1536：399.

[77]Chen W，Jiang J Z. Elastic properties and electronic structures of 4d- and 5d-transition metal mononitrides[J]. Journal of Alloys and Compounds，2010，499(2)：243.

[78] Zhao E，Wang J，Meng J，et al. Structural，mechanical and electronic properties of 4d transition metal mononitrides by first-principles[J]. Computational Materials Science，2010，47(4)：1064.

[79]Zhao E，Wu Z. Electronic and mechanical properties of 5d transition metal mononitrides via first principles[J]. Journal of Solid State Chemistry，2008，181(10)：2814.

[80]Acharya N，Fatima B，Chouhan S S，et al. Structural，Electronic and Elastic Properties of Palladium Nitride[J]. Advanced Materials Research，2013，665：58.

[81] Wang Z H，Kuang X Y，Huang X F，et al. Pressure-induced structural transition and thermodynamic properties of NbN and effect of metallic bonding on its hardness[J]. Europhysics Letters，2010，92(5)：56002.

[82]Chen L，Zhu J，Hao Y，et al. Theoretical study of the structural phase transition and elastic properties of HfN under high pressures[J]. Journal of Physics and Chemistry of Solids，2014，75(12)：1295.

[83]Hao Y J，Ren H S，Zhu B，et al. Theoretical study of the structural phase transformation and elastic properties of the zirconium nitride under high pressure[J]. Solid State Sciences，2013，17：1.

[84] Li W. The structural phase transition and elastic properties of IrN under high pressure from first-principles calculations[J]. Journal of Alloys and Compounds，2012，537：216.

后 记

　　近几年，科学技术发展日新月异，随着工业应用需求以及功能材料要求的不断上升，各种新方法、新技术、新材料应运而生。为了满足时代的需求，很多科研工作者投身信息技术、材料计算及分析研究技术，并且不断取得优异的成绩。近年来，为了发掘高硬度材料，很多学者研究了多种过渡金属化合物的物理及化学性质。众所周知，物质在高温高压下存在多种晶体结构，不同的晶体结构性质迥然，到底哪种晶体结构在常温常压下最稳定，到底哪种晶体结构具有最广泛的应用潜力等等，这些问题都需要经过一一研究才能得到突破，也就是我们需要对各类过渡金属的各种化合物都进行实验或计算研究，经过比对后才能得到最佳的回答。

　　众所周知，理论能够为实验提供一定的数据支撑，反过来实验测试结果也可以对理论计算得到的结果进行一定程度的验证，理论与实验相佐相成，互相服务，很多理论上无法预见的情况，实验上都可能会出现，而很多实验上无法达到的高强度条件，理论上也都可以想办法得到很好的解决，而且在时代发展背景下，各种计算技术突飞猛进，因此在充分利用计算机群、计算云等各种高端技术的前提下，我们可以先对物质的各种性质进行提前预测。本人在研究生学习期间，在各位老师和师兄师姐的带领和帮助下，加入了研究高硬度材料的高压物性研究团队，在三年时间里分别对5d过渡金属铼的碳、氮化合物进行了理论研究，并且得出了比较好的研究成果。在山西工程技术学院工作后，吸取了研究生期间的研究经验，继续致力于高硬度材料的高压物性分析研究，从5d过渡金属铼的单碳、单氮化合物到双碳、双氮化合物，一步一步得出铼的多碳、多氮化合物的各种高压物理性质，未来将会深入探索不同金属、非金属元素比例对物质结构及性质的影响。

　　随着研究的不断深入，本人觉得非常有必要对自己多年来的研究经验进行一个总结，于是就撰写了这部书籍。希望这本书对自己、对众多感兴趣者产生很好的影响或作用。非常感谢这一路各位师兄师姐、各位同事同仁的帮助，感谢山西工程技术学院对本课题《高硬度材料高压物性分析及计算》及优秀学术著作出版项目的支持与资助，感谢家人背后默默无闻的付出与期待。

　　由于作者水平限制，本书难免存在一些错误及不妥之处，敬请批评指正。

作者

时间